你好我的宝贝

这样教育，宝贝更聪明

主　编　张　琼
副主编　林　岚　林冠军

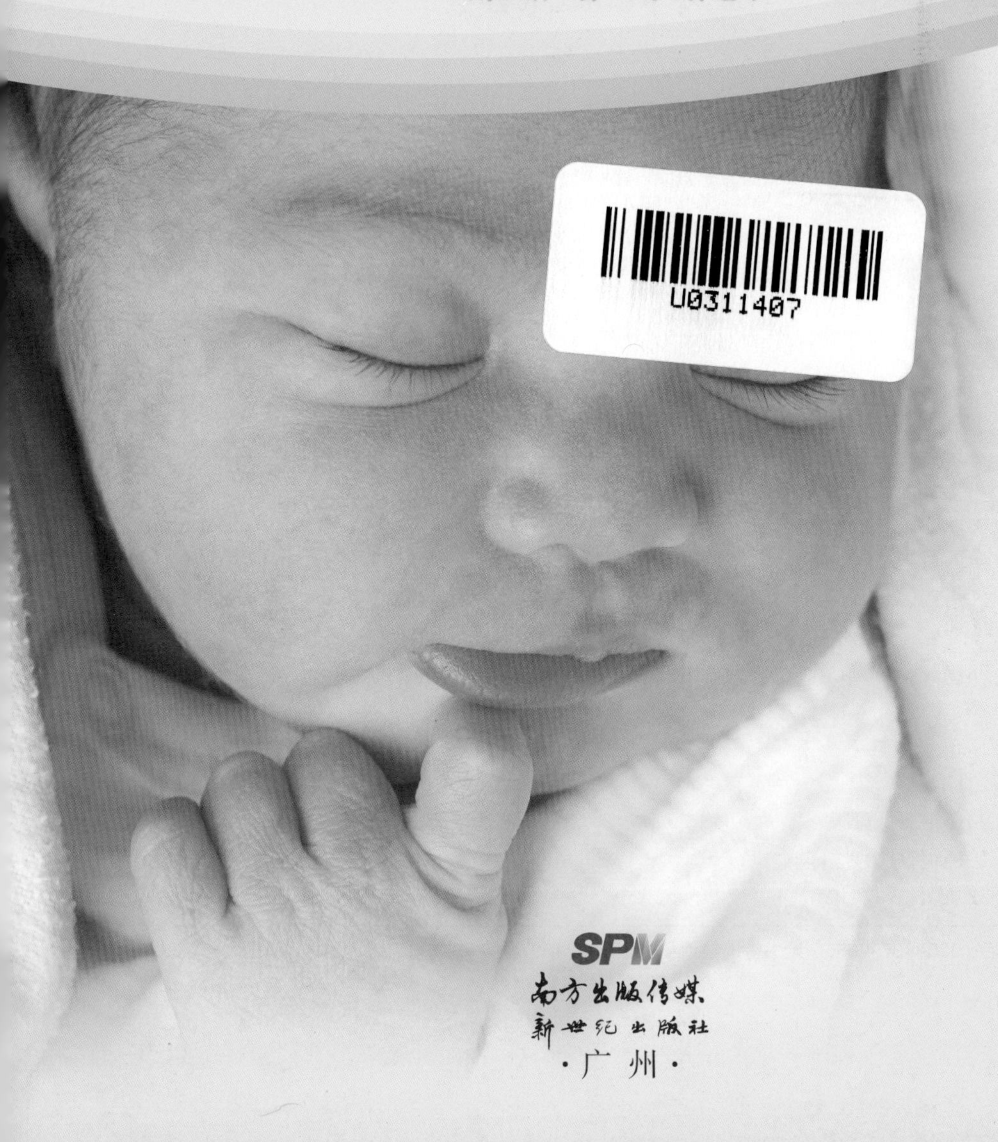

SPM
南方出版传媒
新世纪出版社
·广州·

图书在版编目（CIP）数据

这样教育，宝贝更聪明 / 张琼主编；林岚，林冠军副主编. —广州：新世纪出版社，2016.8

（你好，我的宝贝）

ISBN 978-7-5583-0144-5

Ⅰ. ①这… Ⅱ. ①张… ②林… 林… Ⅲ. ①婴幼儿—哺育 Ⅳ. ①TS976

中国版本图书馆CIP数据核字（2016）第167328号

这样教育，宝贝更聪明

ZHEYANG JIAOYU BAOBEI GENG CONGMING

出版发行：新世纪出版社

（地址：广州市大沙头四马路10号）

经　　销：全国新华书店

印　　刷：广州佳达彩印有限公司

（地址：广州市黄埔区茅岗环村路238号）

规　　格：787毫米×1092毫米

开　　本：16

印　　张：10.5

字　　数：221千

版　　次：2016年8月第1版

印　　次：2016年8月第1次印刷

定　　价：32.00元

质量监督电话：020-83797655　购书咨询电话：020-83781537

0～3岁婴幼儿早期教育是国家提高未来创新能力和生产力的最好投资，有助于打破贫困的代际传递，减少社会不公平，提高国民素质，增进社会安定和谐。

所谓早期教育是基于对婴幼儿发展的完整性、综合性的认识而实施的整体的、跨部门的、跨学科的综合干预，涉及健康、营养、教育、保护等诸多方面。本书认为的早期教育，指的是以家庭为基础，以提高出生人口素质为目标，面向0～3岁婴幼儿及其父母或养育者开展的，有助于其身体、情感、智力、人格、精神等多方面协调发展与健康成长的互动式活动。

人生百年，立于幼学。随着经济社会的快速发展和人民生活水平的日益提高，让孩子拥有良好的人生开端已成为广大家庭的新期盼和新诉求，早期教育成为事关千家万户利益的重大民生问题。

为提高广大家长的科学育儿能力、提高早教机构的服务质量、提高早教工作的指导水平，广东省科学育儿实验基地、广东省早期教育行业协会与中山大学公共卫生学院、广州市教育研究所合作，编写了此套《你好，我的宝贝》丛书。

本套丛书以0～3岁婴幼儿家长为主要阅读对象，同时亦可作为早教服务机构、家庭教育工作者的参考书。全套分上下两册，上册着重介绍婴幼儿身体发育规律与保育原则方法，下册着重介绍婴幼儿心理发展规律与教育理念方法。全书理论扎实、案例鲜活、建议准确、指导到位，是一套集科学性与实用性为一体的、可读性较强的早期教育指导丛书。

本套丛书下册由张琼教研员提出编写提纲，与林岚、林冠军老师共同撰写初稿，由《孩子》杂志出品人叶亦芃梳理、审校、配图，由广东省科学育儿实验基地主任、广东省早期教育行业协会秘书长焦亚琼审稿，广东省早期教育行业协会会长刘育民定稿。

编写本书时参阅了国内外大量专家、学者、同仁的研究成果，引述颇多，未能一一注明，在此恳请原作者见谅并致以谢忱。

由于0～3岁婴幼儿保育和教育理论与实践尚处于探索阶段，加上编写者水平有限，本书难免存在许多不足之处，恳请广大读者批评指正！

广东省早期教育行业协会

2016年7月

目录

第一章 0～1岁 婴儿的学习与发展

第一节

1. 0～4个月婴儿的感觉发展

案例

时间过得飞快，小枣很快就满月了。

今天，家里来了几位年轻的阿姨，她们围着小枣的婴儿床，对着可爱的小枣做出各种表情。但小枣的目光更多时间是停留在穿着大红色外套的陈阿姨身上。陈阿姨很有成就感，摸着小枣的脸蛋笑着说："你看，他在笑着看我呢！他真的很喜欢我哦，哈

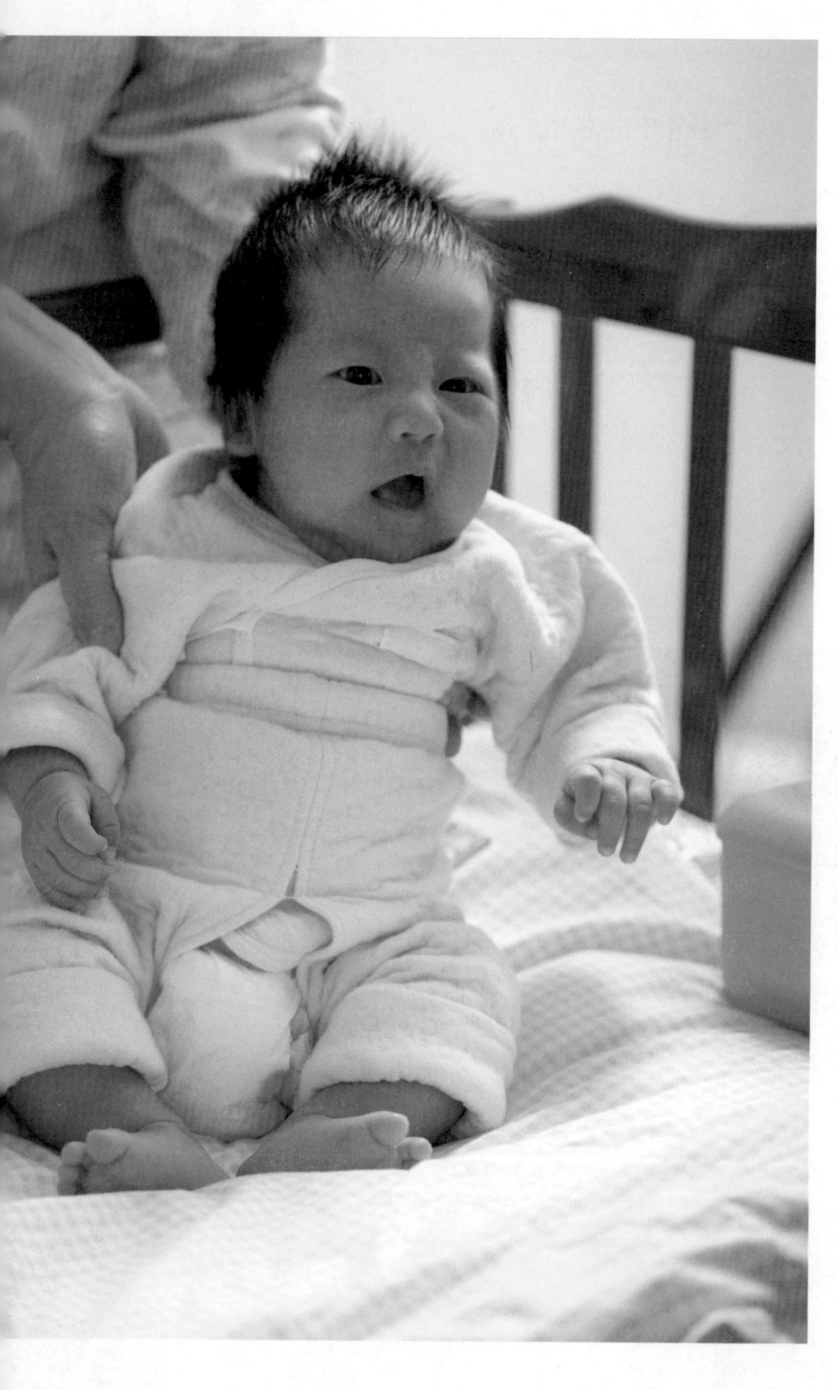

哈！”“你们吃醋了吧？长得漂亮就是不一样！”陈阿姨捂着嘴，开玩笑地又补充了一句。

“那是因为你穿着红色的衣服，这么大的孩子特喜欢看红色的东西！喜欢红色是他们的共性。”妈妈刚说完这句话，小枣立马转过头看着妈妈。

大家几乎异口同声地笑着回了一句：“还是妈妈的魅力大啊！”

妈妈以为小枣口渴了，给他塞了个奶瓶。谁知道，小枣喝了几口就不喝了，然后大声哭了起来。

陈阿姨淡定地说：“不用担心，应该是要换尿布了。”

妈妈一看，尿布果然很湿。大家不禁对陈阿姨竖起大拇指。

分析

（1）小枣已经1个多月大了，视觉有了很好的发展，虽然不能看清物体的细节，但是已经可以将视线很准确地集中在一个物体上，并且表现出对彩色和非彩色的识别能力。所以，当很多人来到小枣家时，数这位穿红色外套的阿姨最能吸引小枣的眼球。

（2）虽然不能听懂语言，1个月的婴儿已经有很好的听力水平，他们已经开始表现出对母亲声音的识别与偏好。即使屋子里有很多声音，小枣依然能大致判断出哪个是妈妈的，并分辨出声音发出的方向。所以小枣会朝着妈妈的方向看。

（3）小枣一出生就有很出色的触觉感受，一些敏感部位对温度和湿度的感觉非常灵敏。当感受到尿布的潮湿时，他能准确地判断出小屁股不舒服了，并用哭声表达出来。

该阶段婴儿的感觉发展

（1）视觉：在出生的头3个月里，他们看物体的清晰度很低，即使较近的物体看着也很模糊；一些遥远的物体，他们是看不到的。在这几个月里，他们的大部分时间用于看。相对于其他物体，他们更喜欢人脸。他们还特别喜欢红色。

（2）听觉：婴儿能听到声音。他们对左右两边声音的定位要比对来自上面或下面、前面或后面的声音的定位准确。在最初的几个月里，他们能区分多种说话声音。

（3）味觉：婴儿能区分水和糖水。他们喜欢糖水，不喜欢普通的水。他们能区分出甜的、咸的和苦的溶液，喜欢甜的溶液。接下来，味觉将会成为他们探索世界时使用的另一种感觉，他们接触到的任何物体几乎都会被送进嘴里。

（4）嗅觉：婴儿能区分气味，并对它们做出积极或消极的回应。嗅觉是他们了解世界的另一种方式。0～4个月婴儿已经能够判断出母亲身上的气味了。

（5）触摸：婴儿了解世界最有效的方法是触摸和被触摸。婴儿能通过接触物的柔软度、粗糙度等，区分出不同的质地，并鉴别成分和区分物与人。不被触摸的婴儿很难正常成长。另外，婴儿喜欢各种类型的触摸和抚摸，大多数婴儿喜欢而且也需要被抱着、被拥抱。

给该阶段婴儿的父母和其他保育者的建议

（1）将婴儿或物体放在合适的距离，这样婴儿能够看到人或物体。婴儿的视焦距是20厘米。在婴儿大约4个月大时，开始能和成人一样调整视焦距。成人可以将物体放置在适当的距离内，这些更能吸引婴儿的注意。

（2）选择吸引眼球的材料。婴儿对图案、式样、形状、颜色等形成强烈对比的东西很感兴趣。人脸也能吸引他们的注意。

（3）在婴儿聚焦某种物体后，缓慢移动该物体。

（4）与婴儿说话，为婴儿唱歌，并对他的“语言”进行回应。

（5）提供多种声音。在婴儿手腕上系一个铃铛，这样，婴儿在移动胳膊时，铃铛发出的声音就会吸引婴儿的听觉和注意。音乐可以让婴儿平静或激动。滴答声、咯咯声、噼啪声、嗡嗡声或歌声都能为婴儿提供听的机会。

（6）移动声源，婴儿能逐渐地学会寻找和辨别声音的来源。

（7）选择几首能让婴儿安静的音乐，婴儿一有睡意，就唱给婴儿听，或放给婴儿听。

温馨提示

很多成人盲目相信网上的说法，大量下载莫扎特的音乐播放给婴儿听。早期音乐教育对婴幼儿很重要，但成人要进行筛选，还有要注意时机。莫扎特的音乐有些是比较激昂或快节奏的，不适合晚上放给婴儿听，这时成人应该选择一些慢节奏的、舒缓的曲子。

2．4～8个月婴儿的感觉发展

案例

南方的春天，阴雨连绵。好不容易今天出太阳了，妈妈一早就备好带小枣出去玩的行头，奶瓶、尿布等，样样不能缺。

妈妈推着小枣来到楼下的公园。天气真好呀，很多人都到公园里散步。小枣坐在推车里睁大了眼睛，好奇地打量着周围的一切。

突然，远处一位小姐姐朝这边走过来，手里还拿着几支颜色鲜艳的花。

“阿姨，小弟弟好可爱呀，他多大啦？”小姐姐一点都不怕生。

“哦，他叫小枣，5个月啦！”听到自己的名字，小枣看了一下妈妈，看到两个人都在看他，他笑了。接着小枣伸手想要小姐姐手里的花，小姐姐见状，很大方地给了小枣一支，小枣高兴极了，直接拿着那软软的、散发着香味的花骨朵，立马往嘴里塞。妈妈还没来得及叫小枣谢谢小姐姐呢，就忙不迭去抠小枣嘴里面的花瓣了。

分析

（1）小枣已经5个月大了，开始拥有不错的视觉，能看得较远的东西了，虽然还不如成人看得那么清晰，但是眼睛已经能足够灵活地去搜索周围的新鲜事物了。他还可以通过协调身体的姿势来看原先看不到的物体，并尝试着用手拿自己想要的东西，虽然有时候并不总能拿到，但是他不会轻易放弃。

（2）5个月大的小枣听力也有了明显的进步，能听到更多的声音，并能将语言与事物建立一些简单的联系。他开始知道“小枣”就是自己，每次妈妈叫他，他都会回头看看妈妈。所以这次当妈妈说出“小枣”两个字，他以为妈妈是在叫他。

（3）小枣已经能辨认几种颜色了，红色和绿色是在小枣的能力范围之内的，小枣一直很喜欢红色，所以直接伸手要红色的花朵。再加上花瓣香香的，小枣的嗅觉已经很灵敏了，可以直接判断出香味是从哪里飘出的。

该阶段婴儿的感觉发展

（1）视觉：到第4个月时，视觉发展已很成熟。在婴儿视觉追踪一个移动物体时，他的眼睛和头部移动的协调程度与成人一样。婴儿在视觉上很容易被彩色物体吸引，会表现出对几种颜色的偏好。这个年龄的婴儿会伸手去够喜欢的玩具或物体。到第5个月时，许多婴儿会对着镜子里的自己笑。

（2）听觉：婴儿喜欢弄出声音，喜欢玩能发声的东西，能在黑暗中准确地朝向发声物

体。听到自己的名字会有反应，对愉快优美的音乐较为敏感。有时听到优美的音乐时，会出现不同步但不断重复的身体运动，以表达其愉悦之情。

给该阶段婴儿的父母和其他保育者的建议

（1）如有条件，定期更换给婴儿看的图片，或经常带婴儿去不同的地方，刺激婴儿的视觉发展。

（2）提供彩色物品，将物品放在婴儿够得着的地方，方便婴儿观看及触摸；不要把婴儿移到让他们感到不安全的地方。

（3）观察婴儿喜欢的图片、脸蛋等，创造条件帮助他们接近自己喜欢的物品。

（4）多营造安静的生活环境，成人说话不要过于大声，让婴儿可以享受、倾听自己的声音。

（5）多和婴儿玩寻找声源的游戏。如：在婴儿旁边轻轻地摇铃铛，引导婴儿寻找铃声发出的源头。

（6）坚持多对婴儿说话、唱歌。

3. 8～12个月婴儿的感觉发展

案例

今天是周末，为了给爸爸做一桌丰盛的晚餐，妈妈决定让9个月大的小枣自己在小车里玩。

其实小枣一点也不寂寞，他的小车里摆满了各种有趣的玩具，各种颜色、各种质地、各种形状的都有。小枣对它们很感兴趣，他不仅喜欢红色的玩具，而且开始观察其他颜色的玩具了。他还尝试用手触摸不同质地的玩具，捏捏这个，摸摸那个。但是不管是什么玩具，他都会用自己的嘴巴尝一尝。

妈妈在做饭的时候，会不时地回头看看小枣，不停地跟小枣说话，提醒他注意安全。一不小心，一块积木掉在了地上，小枣够不着就发出“啊……”声向妈妈求助，于是妈妈走过来帮小枣捡了起来。重新拿到心爱的玩具，小枣高兴极了，直接往嘴里塞，妈妈生气了：“玩具掉到了地上很脏的，怎么能吃呢？”听到妈妈的批评，小枣一下子就哭了起来。

妈妈有些内疚，立马安慰小枣。

分析

（1）此时的小枣，对周围环境的探索越来越深入了。他的视觉集中力发展很好，可以长时间地观察一个玩具，还可以识别玩具之间颜色的差别，这对他来说是一个有趣的发现。他还发现玩具是立体的，并且形状不一样，摸起来也不一样，这些够他研究很长一段时间了。

（2）虽然9个月大了，小枣拿到东西后依然喜欢往嘴巴里面塞。此时小枣的小嘴已经比以前更灵敏了，而且还长了牙齿，咬东西时更加有力。

（3）9个月大的小枣听觉已经很灵敏了，他还会依靠视觉辅以听觉寻找东西的去向。所以，当玩具掉下地时，他会根据玩具落地的声音来判断玩具掉到了哪里。

（4）听到妈妈的批评，小枣哭了，但其实小枣并没有听懂妈妈说了什么，也不明白妈妈为什么这么说。他只是理解妈妈的语气和语气中所蕴含的情感，他知道妈妈的表达并不是在夸奖自己，妈妈生气了。

该阶段婴儿的感觉发展

（1）视觉敏感度继续得到提高。9个月大的婴儿不仅能看到较远的物体，而且开始对物体的细节表现出兴趣。例如：如果拿一个铃铛在婴儿面前摇晃，他们可能会拿起铃铛边看边摆弄，观察铃铛的花纹。

（2）颜色视觉继续发展。他们可以感知更多的颜色，对不同颜色的敏感度也越来越高。

（3）深度知觉继续发展，由于拥有了较多的爬行经验，他们对空间有更多的认识，在行动时遇到有高度差的地方更加谨慎。

（4）听觉定位能力继续发展，已经可以直接定位两侧的声源。

（5）接近1岁的婴儿不仅能通过语调来判断说话人的语气，而且开始理解说话人的具体意思，特别是一些指令性的话语。

给该阶段婴儿的父母和其他保育者的建议

（1）提供各种图书，定期给婴儿更换。

（2）坚持经常带婴儿去不同的地方，感受大自然事物，在保证安全的情况下允许孩子进行触摸感受。

（3）偶尔带婴儿去参观画展或者园艺花卉展等。

（4）提供给婴儿玩的材料和玩具可以复杂一点、多维度，满足婴儿多层次的探索需求。

（5）给婴儿一些指令，比如叫他们把球拿过来等，但是最好配上简单的肢体动作。

（6）继续坚持多对婴儿说话、唱歌，播放轻柔的音乐。

温馨提示

成人在提供图书或图片时，一定要关注内容。内容最好要与婴儿生活经验有关，可以是婴儿经常看到的，抑或是宝宝感兴趣的。成人讲解图片内容的时候，一定要注意表情或语调，尽量夸张和丰富一点。

1. 0～4个月婴儿的语言发展

案例

一眨眼时间，小枣2个月大了。小枣很多时候都躺在婴儿床上玩耍。小枣爸爸现在一有时间就过来逗他。而当爸爸逗他玩的时候，他总会看着爸爸笑，有时还会做出踢腿的动作，手舞足蹈。特别开心的时候他还会发出咕咕声，好像在说些什么。逗得爸爸也乐开怀。

妈妈听到爸爸的笑声，也过来逗小枣玩。小枣听到妈妈的声音，马上转动小脑袋，看到妈妈，就咧开小嘴笑。

小枣的到来，真是给爸爸妈妈带来了无穷的乐趣啊！

分析

（1）在2个月大的时候，婴儿会运用他们的听觉，对成人的逗弄和语言刺激，报之以微笑或声音及动作的同步反应，予以“交谈”式的回答。

（2）婴儿会用听觉器官捕捉周围的各种信息。由于在母腹中5~6个月大时，胎儿就已有了听觉，他们对母亲的声音非常敏感，能够在其他众多声音中辨别出来，予以反应。所以，小枣一听到妈妈的声音，就立马看着妈妈，对着妈妈微笑。

该阶段婴儿的语言发展

这是对人的声音较为敏感的阶段。他们会分辨出人的声音和其他声音，能对男声女声以及父母的声音做出不同的反应。

语言是用来与他人交流的工具。而哭却是该阶段婴儿与他人交流的一种方法。他们通过调节自己哭叫声音的音长、音量和音高来表达饥饿、疼痛、烦躁等，希望父母能予以回应。

婴儿发出的声音，其实正是该阶段婴儿的“话语”，他们能通过不断地重复自己的声音来找到制造声音和听自己“说话”的快乐。

如果婴儿听到有人在和他说话，这会刺激他“说话”。这种“对话”非常重要。如果家长一边看着婴儿，一边跟婴儿说话，能有效地促进婴儿语言的发展。

给该阶段婴儿的父母和其他保育者的建议

（1）发起“谈话”：珍惜每一次与婴儿在一起的时光，因为那是难得的“谈话”机会。日常的护理，如喂食、换尿片和衣服，抱着、背着四处走，或摇晃婴儿时都可以对他说话、唱歌。但是成人一直说话或一直沉默对婴儿没有帮助也不好。婴儿既需要语言和“交谈”的时间，也需要安静的时间。

（2）倾听回应：婴儿会自己发出声音，如果没有人听婴儿“说话”并“回答”他们，这种“说话”会降低频率。成人可以用声音或语言立即、持续回应婴儿，当婴儿发出一些咕咕声时，成人可以模仿婴儿发声。

2. 4~8个月婴儿的语言发展

案例

6个月大的小枣，现在能够坐起来探索周围的事物了。

小枣喜欢坐在床上玩玩具。今天一早起床，小枣就坐在床上和妈妈一起看活页图书。小枣很喜欢看里面的图案，尤其喜欢妈妈指着图片告诉他图片里面的内容。这不，妈妈指着图片给小枣看，说："小枣，这是一只小猫哦！"小枣的小眼睛一动不动，看得可仔细啦！

此时，妈妈的手机响了。她拿起手机，由着小枣自己玩。小枣见状，就发出哭叫声，示意妈妈继续陪他看图书。

妈妈放下手机，又继续翻书介绍图片。小枣专注地看着妈妈指着的图片。看着看着，小枣突然冒出了一句重复连续的"me——me"，妈妈兴奋地给小枣鼓掌，夸小枣会叫妈妈啦！

分析

（1）婴儿在4个月以前，他们的啼哭大都表达一种生理需要，饥饿、疼痛，或者是无聊。但是当过了4个月，他们渐渐地发现，啼哭可以引起家长的注意，可以得到自己想要的东西。于是，他们将哭叫声作为一种"技巧"运用在了需要的时候。

（2）大约从4个月起，婴儿的发音出现了明显的变化，发音增加了很多重复连续的音节。

该阶段婴儿的语言发展

该时期婴儿区别男女声以及辨认父母声音的能力进一步加强，并且能够从成人的语调、语气里察觉到成人的态度、情绪。所以，当成人用愉悦的语气和婴儿说话时，他们往往会用哦哦声或微笑来予以回应。

发音时，增加了很多重复连续的音节。

能比较明确地对人的声音做出反应，听到声音就会转过头去，有时还会发出轻轻的笑声。他们对成人的逗语能予以连续性的语音应答，即在成人说出一句话时，能及时地用自己的声音回应。

懂得简单的词、手势和指令。婴儿在这阶段已经可以分别出家庭成员的称谓，并且会指认一些常见的物体。但婴儿并没有理解成人指令所表达的真正含义，只是单纯根据语气、语调以及动作来判断成人的要求。

给该阶段婴儿的父母和其他保育者的建议

（1）该时期在发起谈话或回应上，继续参照上一个阶段的建议。

（2）由于在该时期，婴儿探索的欲望更强，记忆能力也逐渐增强，成人带婴儿去玩时可以拍些照片，并积极发起谈话。如：今天，爸爸带小枣来公园玩。这里有好多花，有红色的……晚上睡觉前，可以回忆白天的活动及对话。建议多去几次，多说几次，再选择更换场地和说话的内容。不外出时，则可以给孩子看照片，唤起孩子的回忆，重复爸爸当时说的话。

（3）成人指着图片，教婴儿简单的词。随着婴儿成长，介绍图片时，成人可多介绍几句，但尽量要用生活化的语言。然后成人多说几次，鼓励婴儿去找出对应的图片。

（4）在与婴儿说话时，使用正常的声音模式和音调，不用叠词和婴儿说话。比如不宜跟婴儿说：“这是车车！”成人应该告诉他这是“小车”就行。

3. 9～12个月婴儿的语言发展

案例

9个月大的小枣，现在早上起床后，喜欢拿起床边的玩具玩，还不时发出咕咕、哼哼的声音。妈妈习惯性地跟小枣说：“小枣，早上好！”小枣听到自己的名字时，有时会“说话”回应。有时候妈妈会跟小枣说：“小枣，帮妈妈拿一下手机。”小枣就会按妈妈指着的方向，把手机拿给妈妈。有时小枣会捡地上的小东西吃，妈妈看到就会严厉地告诉小枣“不能吃”。这时，他会很听话地放下手里的东西，继续寻找其他东西玩。

分析

（1）婴儿在这个年龄段里开始了他们的咿呀学语，试着把口腔的某种运动和某种声音的发生联系起来，逐渐获得发音活动的经验。

（2）这个时候的小枣已经能把名字和自己对应起来，听到自己的名字，他会迅速做出反应，朝声音出现的地方张望，并做出回应。

（3）这个时候，小枣不仅能将目光汇聚到妈妈的指令上来，而且能用动作去完成指令了。

该阶段婴儿的语言发展

该阶段婴儿会很努力地学习发音和交谈，他们形成了一种独特、复杂又让成人难以理解的发音。即使在独自玩耍时，也喜欢通过自言自语来练习发音并乐在其中。

开始理解成人的语言，比如问婴儿：“妈妈在哪里？”婴儿能够把目光或头转向妈妈或用手指指向妈妈。

能听懂一些简单的指令，并且在此基础上对指令做出反应。

发音中有声音游戏，如吹气声；也乐于模仿声音。

12个月左右出现有意义的词；较早掌握的是那些比较简单的具体名词，如“爸爸”和“妈妈”。

给该阶段婴儿的父母和其他保育者的建议

该阶段对父母的回应技巧和内容有了更高层次的要求。

（1）当婴儿在和物体“说话”时，父母或其他保育者可以营造一个语言环境。

先说出婴儿正在关注的一个物体，如“小车”。父母先说出“小车”这词，然后再用句子说：“小枣玩小车喽。”“小枣在玩一辆红色的小车”，逐渐丰富语句。

（2）当婴儿听到你的声音或指令后，能按你的要求做出相应动作时，要立马认可婴儿的反应。可以给他拥抱、鼓掌，然后再重复之前的指令，如：“宝贝能帮妈妈把球拿过来，真棒！”

（3）经常使用婴儿正在学习的名称，如球、鞋子、衣服等，逐步拓展认识新的物品的名称。

（4）在开始和婴儿说话的时候先叫他的名字。

（5）当婴儿有一些情绪表现时，家长要立马回应，说出这种情感的名称，如“小枣生气了！”“小枣好开心啊！”

（6）对婴儿经常性的行为进行回应。如说“再见”，并挥挥手；而且每次需要重复几次。

（7）和婴儿一起看图片时，如果有实物，指着图片教婴儿的同时，应拿出实物，并指着实物说。比如“这就是图片里的球了。小枣看，球，摸一下”，每次在介绍图片中的物体时，可以拿起婴儿的手一起指着图片，先说名称，然后再从功能或属性进行句子的丰富。如果能配上动作就更好了。平时也可以玩一些识物的游戏，如打开书后问婴儿：“球在哪里啊？”或当婴儿自己指着物体时，家长要适时回应他指的物体的名称，并说句子。

（8）提供磁铁黑板或白纸蜡笔，但一定要注意安全，材料不能过小，以防婴儿误食或塞进鼻孔等。

1. 0～3个月婴儿的认知发展

案例

小枣今天满3个月了。很多妈妈的同事来家里看小枣。

有个阿姨给小枣带来了一个红色的小球，小枣似乎很感兴趣。阿姨一边在小枣面前晃着红色的小球，一边"安咕咕"地逗他。小枣的眼球一直随着那红色的小球移动的轨迹转来转去。大家都夸小枣的眼睛好漂亮。

阿姨们逗完小枣后在客厅喝茶，小枣自己一个人在小床上继续蹬小铃铛，那是奶奶买给小枣的。小枣似乎很享受这种成就感，因为他一蹬腿，就会有好听的声音出来。一听到声音，他就会往拴小铃铛的地方看。

有一天妈妈解下铃铛擦上面的灰尘，小枣像往常那样蹬腿，并且向原来放铃铛的地方看去。小枣似乎有些不解，无论他怎么蹬，都没声音。

分析

（1）大约2～3周的婴儿，就会出现听觉与视觉集中的现象。随着月龄的增长，他们就会出现视觉追踪的能力，即随着物体的

移动，婴儿的视线也会跟着转移。但婴儿更多的是对颜色鲜艳的，特别是红色的物品感兴趣。

（2）3个月大的婴儿已经有了前思维的发展。当妈妈把铃铛拴在小枣的脚脖子上时，小枣一动脚，铃铛就会响。通过反复的尝试，0～3个月婴儿就建立起动脚这一动作与响铃这一结果之间的联系。而这种因果联系，其实就是婴儿前思维发展的一个表征，是初步的问题解决行为。

（3）该阶段婴儿以短时记忆为主。当注意的物体从视野中消失时，他们会用眼睛去寻找，这就表明婴儿已经有了短时记忆。小枣之所以还会去看婴儿床上拴着铃铛的地方，表明他已经对铃铛的位置产生了记忆。

该阶段婴儿的认知发展

基本上为无意注意。0～3个月的婴儿以被动注意为主，体现出无意性。0～3个月婴儿会注意某个物体或某种现象，都是因为这一类物体或现象明显突出于背景环境。有着强烈特征的物体才会容易吸引婴儿的注意，比如亮灯、转动的风扇等。

在该阶段，婴儿的听觉注意力的发展要好于视觉注意力的发展，他们对声音刺激的反应明显强于对图像的刺激。

这个阶段的婴儿注意时间较短，一般为几秒，而且还有扫视行为。婴儿处于清醒状态时，只要光线不太强，均会睁开眼睛。

主要是以无意识记忆和短时记忆为主。带有很大的随意性，体现为婴儿感兴趣的、印象深刻的、能引起他们共鸣的事物。

这个时期的婴儿还没有获得真正意义上的思维，但通过反复尝试，能初步认识到简单的动作和结果之间的关系。

给该阶段婴儿的父母和其他保育者的建议

（1）在物品的选择和环境的布置上花心思。提供在婴儿醒着时支配他们注意的环境。比如一些发亮的东西（柔光）或色彩鲜艳的东西经常性地在婴儿的视野内出现。一些能发出声音的玩具，在婴儿的视野内不断变换位置，同时发出声音。

（2）经常带着婴儿四处走动，给婴儿对外界进行扫视创造条件。

（3）提供一些婴儿能抓住、放在嘴里也比较安全的物体，将它们放在婴儿的手里或他们够得着的地方。

（4）和婴儿进行同一个愉快的动作活动并重复活动。每次进行该活动时，可以固定一首背景音乐，而且动作、空间最好一致。

（5）拿着婴儿感兴趣的玩具或物体，让它先出现在婴儿视力所及的范围，让婴儿花些时间聚焦物体，然后在婴儿视力所及范围内缓缓来回移动物体。

2．4～6个月婴儿的认知发展

案例

一转眼，小枣已经5个多月了。

今天阳光明媚，小枣躺在床上，心情却不太好，有些哭闹。妈妈一靠近小枣，小枣就立马安静下来，目不转睛地“端详”着妈妈。妈妈似乎看出小枣的心思，回应了一句：“等等哦，妈妈准备一下，我们就去楼下的小区玩哦。”小枣似乎听明白妈妈的话，也不再继续闹了。

小枣很享受在妈妈的怀里晒着阳光的感觉。

邻居张阿姨见到小枣，热情地打招呼。小枣

安静地注视着张阿姨。小枣还没来得及反应，张阿姨就把小枣抱到怀里了。小枣看着张阿姨对着他笑，但小枣一点都笑不出来，“哇”的一声就哭出来了，越哭越大声。张阿姨尴尬地把小枣还给妈妈，小枣的情绪这才慢慢恢复平静。

妈妈有些不好意思，以前小枣很喜欢别人抱的，现在竟变成这样子了。

分析

（1）婴儿的视觉注意较上一个月龄段已经有了发展，注意保持的时间也变长了，所以能“端详”一会儿了。

（2）4～6个月大的婴儿开始认生了，经常给他喂奶和抚触的人成为他记忆中熟悉的人，而其他人，婴儿将会采用不同的对待方式。

该阶段婴儿的认知发展

进行探索活动更加主动、积极。探索的角度和范围更大，观察事物时也更加细致。这跟该阶段婴儿的各种感知觉能力、头颈控制能力、手指抓握能力都有了很大的发展有着直接的关系。

偏爱更加有意义和复杂的视觉对象。物体越复杂，婴儿注视的时间越长。

长时记忆能力有了新发展。他们所习得和掌握的知识、技能可以保持数天甚至数周。

视觉记忆有了明显的抗干扰能力。当婴儿看到一些物品之后，如果拿走物品，婴儿会有短时间搜寻行为。

开始对熟悉和不熟悉的事物进行区分，这也是记忆发展的一个表现。主要表现为认生。

自我中心特征明显。他们采用吸吮、抓握等方式来认识各种物品。

无整体目标。该阶段婴儿的每一种动作都有目的，但是联系在一起的一系列动作却是没有整体目标的。比如说，婴儿看到不远处有一个玩具，当他伸出手去拿的时候，他可能又对自己的手更加感兴趣，进而玩起手来。玩的时候，手不小心碰到另一个玩具，他又开始玩另一个玩具……在这一系列的动作中，婴儿会忘记最开始的目的。

给该阶段婴儿的父母和其他保育者的建议

（1）鼓励和支持婴儿的探索欲望。找到婴儿感兴趣的事情，为婴儿进行一番安排，并提供大量合适的选择。

（2）提供对比色明显或声音有变化、各种质地和图案不同的物体，在保证安全的情况下，允许他们吸吮，因为那是他们认识新事物的一种手段。同时，允许他们拍打和乱扔，那是他们对事物感兴趣的一个表现。

（3）多和婴儿进行表情和动作交流。重复自己的动作，比如微笑、张嘴等，此时长时的记忆能力有助于他们模仿技能的习得。

（4）向婴儿传递与玩具玩耍的乐趣。向婴儿展示一个玩具，玩一分钟，然后把玩具藏起来。过一会儿再把玩具拿出来，再玩。或用毛巾盖住玩具的一部分。婴儿会将物体拉出来或掀掉毛巾。大人在这个过程中要多一些表情，在藏起玩具时，要做出夸张的惊讶的表情，而当玩具再次出现时要露出惊喜的表情。当婴儿去拉玩具时，则可以鼓掌表示鼓励。

3. 7~9个月婴儿的认知发展

案例

今天一大早，小枣在客厅里的垫子上玩玩具。

妈妈的同事陈阿姨来家里看小枣。陈阿姨和妈妈坐在沙发上东一句西一句，聊得很开心。

小枣时不时会抬头看看她们。但多数时间，小枣在专注地玩自己的玩具。

8个月大的小枣玩玩具，喜欢碰一碰，翻着摸，有时甚至还会把玩具塞到嘴巴里面咬。小枣今天对陈阿姨买来的玩具摇杆小鸭子表现出了很大的兴趣。小枣先是推翻了小鸭子，然后又把它推回去。小枣拉动了黄色的小摇杆，往前一推，小鸭子的翅膀就打开了，而且小鸭子周边的灯也亮起来，还唱起了《数小鸭》的儿歌。小枣表情严肃，又往后一拉，小鸭子先是合起翅膀，然后又打开了。小枣就这样握着摇杆四周绕，完全不理妈妈和陈阿姨。

陈阿姨要走了。“小枣，我们送送陈阿姨哦，谢谢陈阿姨给你买了那么多玩具！”小枣很快被妈妈抱起。

“小枣，阿姨抱一下哦！”刚抱过去，小枣开始还“端详”了下陈阿姨。妈妈正准备夸小枣进步了，谁知陈阿姨刚抱着一晃，小枣就哇哇大哭起来，还伸出小手要妈妈抱。

分析

（1）7个月前的婴儿由于各种动作技能和感知觉能力发展的限制，活动范围与活动方式都受到了约束。到了7个月大的时候，各种能力的发展也影响注意力的发展，这不仅仅表现为视觉的注视，还表现为更加复杂的形式，如选择性够物、抓握、吸吮等。

（2）这个月龄段的婴儿认生的现象越来越明显，而且表现出不同的焦虑行为。这是因为该时期记忆能力明显增强，当然这也是受到7～9个月婴儿社会性情感发展的影响，记忆能力的发展也有影响。

（3）在本月龄段之前，婴儿只能机械、反射性地理解行为和后果之间的关系，他们的行为还没有明确的系统目的；但在该阶段，婴儿开始协调各种独立的感知，并以此作为达到某种愿望的手段。这就是最初步、最简单的问题解决行为，这种行为是思维的核心。

该阶段婴儿的认知发展

婴儿的知识与经验在选择注意中起到越来越大的支配作用。他们自身的经验，比如喜欢

或不喜欢、熟悉或不熟悉、是否满足他们的需要，都会影响他们的注意内容和时间。该阶段婴儿的选择性注意对象（当前的人与物）由与所认知的事物与自己的关系决定。

长时记忆所能保持的时间继续延长。他们可以记住一两星期左右未见面的熟人。

认生现象说明这个阶段婴儿的记忆能力在不断扩展。这一月龄段的婴儿开始对大部分的陌生人表现出格外的“小心”，这既表明其社会情感的发展，也表明他的长时记忆能力的发展。

搜寻物体能力增强。婴儿搜寻物体能力增强表明其记忆能力的发展，同时受他们对物体藏匿地点的记忆和物体藏匿数量的影响。

出现大量模仿动作。模仿动作的出现是该时期最大的外在变化，能促进动作技能的发展。模仿的前提是能记住被模仿的对象，所以，这类模仿动作的出现也表明其记忆力在迅速发展。

此时的婴儿产生了为达到某一特定目的而选择方法的、初步的、有计划的行为。例如：婴儿可以排除眼前的障碍来寻找不在眼前的物体。

这一时期婴儿问题解决行为的策略很简单，存在固定思维，主要受记忆力的影响。比如婴儿成功地在A处找到东西以后，即使后来东西被转移到B处，他们也仍坚持在A处找，而不会考虑B处。

著名的认知心理学家皮亚杰认为9个月前没有客体永久性概念。对于这个月龄段的婴儿只要事物超出了他们的感知之外便认为这个事物就不存在了。8个月左右的婴儿盯着一件玩具的时候，如果成人用一个不透明的毛巾挡着，他们就掉头不看这个玩具了，因为他们觉得这个玩具已经不存在了。

给该阶段婴儿的父母和其他保育者的建议

（1）丰富婴儿的知识和经验。多带婴儿去不同的地方，开拓他们的视野，每次有新鲜的事物，成人要多次重复表达，帮助婴儿形成和积累对该事物的知识和经验。平时婴儿对新出现的东西感兴趣时，成人也要耐心介绍，对于他们熟悉的材料，也要鼓励他们深入探索。

（2）提供物品给婴儿时，不要放在他们手上或不需花努力就能轻易拿到的地方，而应放在有点距离、婴儿稍微努力一点才能够着的地方，即他们的最近发展区。

（3）提供一些符合婴儿知识和经验的生活用品，支撑婴儿的模仿行为，如玩具电话、玩具手机、玩具吹风筒等。

4. 10～12个月婴儿的认知发展

案例

小枣就快1岁了，现在喜欢在房间里面到处爬，有时还会扶着沙发走几步。小枣对厨房、书房、客房都感兴趣。小枣来到奶奶的房间，看见床头有一把小风扇正在转。小枣用手指指着风扇发出“啊啊”的声音，然后就一直盯着风扇，看了很长时间。奶奶在一旁笑着说：“又来看风扇啦！”小枣从小就很喜欢看风扇。

过一会儿，房间里传来了奶奶的夸赞声。原来小枣的摇杆小鸭子掉到了床底下，躺在一条抹布上面。小枣发现他在拉抹布的时候，摇杆小鸭子也会慢慢出来。小枣最后拿到了摇杆小鸭子。

妈妈闻声进来。小枣陶醉在奶奶和妈妈的夸赞声里。玩了几下摇杆小鸭子后，小枣就抱住妈妈的大腿，嘴巴念着me——me。妈妈笑着将小枣抱起。“怎么那么快就不玩了呀！我的乖枣枣！”小枣在妈妈的胸部那里来回蹭了几下。妈妈这时才想起，还没给小枣喂奶。

小枣喝着妈妈香甜的乳汁，特别满足。

分析

（1）11个月大的婴儿注意时间开始变长，他们可以一直注视某一样物品超过10秒钟。这个时候有些婴儿具有多种注意表现的方式，视觉是一种基本方式。由于他们无法实现其他的操作，所以只能通过注视来实现关注，但是时间变长了。

（2）婴儿之所以会在饥饿的时候在妈妈的胸口蹭，那是因为他们的记忆能力有了很大的发展，他们已经能记住常用的物品的作用和存在的位置，这种记忆能力使他们可以在有需求时注视到相应的物品。

（3）在本月龄段，婴儿解决问题带有明确的计划性和目的性，相比上一个月龄段，这种计划性和目的性更加明显。当然这中间肯定会有试误的过程。小枣不经意地拉动抹布，发现抹布能带动玩具慢慢移动，便继续完成这个动作并最终达到自己的愿望，这是他思维发展的重要标志。

该阶段婴儿的认知发展

注意时间变长。这个月龄段的婴儿可以注视一个东西超过10秒了。

对面部表情的模仿。这个月龄段的婴儿已经可以模仿身边熟悉的人的表情或动作了。

知道常用物品摆放的位置及其基本功用。当婴儿的某一种需求没有得到满足时，他们会盯着能满足其需求的物品一直看或用手指这件物品或平时放置该物品的位置。例如：他们饿了就会看奶瓶或找妈妈；想出去玩，他们就会指着门口。

能在看到物体藏的位置后找到该物体。成人当着婴儿的面将某一物品藏于一个地方，他们会到这个地方去寻找，说明他们已经能记住该物品藏起来的位置。

建立起客体永存的概念。这个月龄段的婴儿客体永存的概念开始建立，也就是说当物品在视线消失时，婴儿不再会认为这个物品不存在，而是认为它到了别的地方。他们可以将不断消失又再出现的照料者看成是同一个人，而不是一个新的人。这一概念的建立会影响其思维的方式和内容。

能利用工具解决问题。这个月龄段的婴儿可通过拉动抹布取到摇杆小鸭子，也可以通过拉动绳子取到物品，也可以有意识地将容器中的玩具晃动出来，这种利用工具的行为明显带有计划性和目的性。

他们能绕过障碍物够取玩具，但都有试误行为。当障碍物使婴儿无法够到玩具时，他们可以绕过障碍物拿到玩具，但是通常需要几次的试误才可以实现。

给该阶段婴儿的父母和其他保育者的建议

（1）创造问题情境，引导和鼓励婴儿解决问题。成人既要善于创设问题情境，锻炼婴儿解决问题的能力，比如：捡球，提供容器和盖子等；也要善于捕捉婴儿解决问题的行为，当婴儿遇到困难时给予指导或直接示范，但无论是在成人指导下完成的，还是自己独立完成的，成人都应该对他们的行为表示赞赏，不要吝啬自己的掌声和微笑。

（2）提供更多的生活材料给婴儿。厨房的锅碗瓢盆、破旧电话、布娃娃等都可以提供给婴儿，婴儿会根据自己积累的知识和经验，进行模仿创造。成人可以参与到他们的世界里面去，比如：当婴儿拿起电话时，成人也要立马拿起手机，装作和他们通话，支持他们的模仿活动。

（3）允许婴儿在家里自由活动。首先，检查家里各个角落，确保已经做好了安全防护，下一步就是尽可能让婴儿在家里进行探索。而不是为了减少麻烦，把他们囚禁在一个婴儿围栏、一间小屋子或是一张小床上。这会对婴儿的好奇心和能力的发展产生很多负面影响。

（4）不要抱怨买回来的玩具婴儿玩一下就不玩。在该阶段，没有什么玩具能使刚会爬的婴儿保持长期的兴趣。因为在这几个月里，他们有太多的事情可以做，有太多的东西可看。

（5）和婴儿玩躲猫猫的游戏或捉迷藏游戏。例如：把小车藏在被子下面、积木藏在成人身后，问婴儿他们去哪了，引导他们去寻找。

第二节

情感和社会性的发展与促进

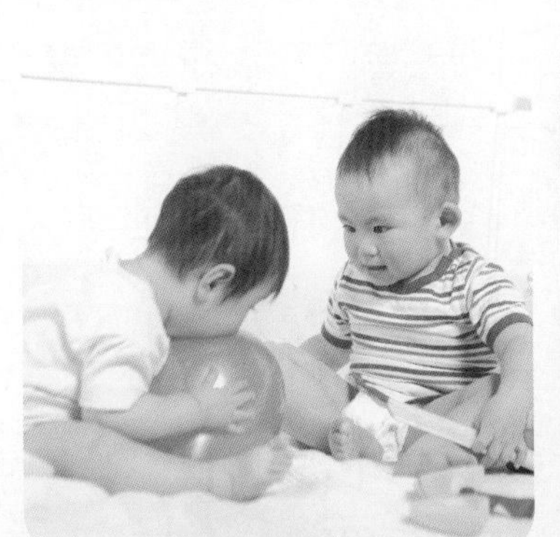

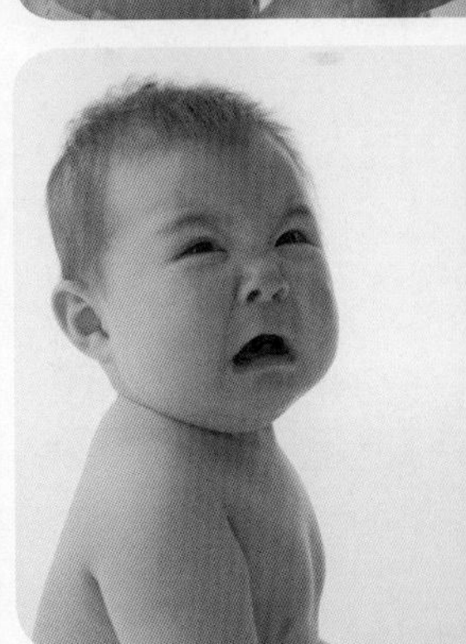

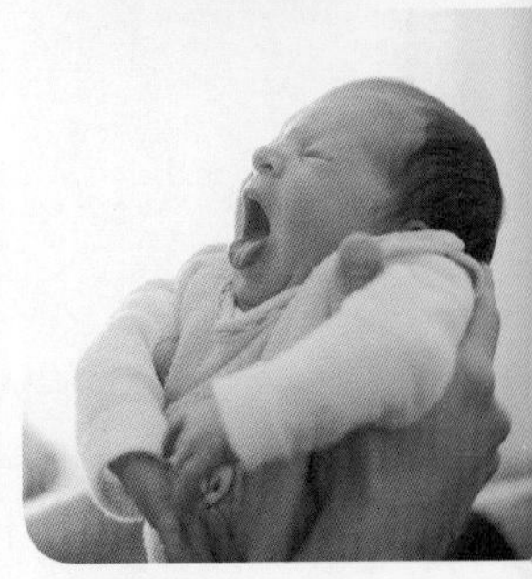

1．0～3个月婴儿的情绪发展

案例

小枣很早就起床了，今天他刚好满月。他对这个世界充满好奇。小枣睁开双眼后就愉悦地打量着天花板，不时地晃晃胳膊、蹬蹬腿。妈妈站在婴儿床的旁边唱儿歌给小枣听，小枣把视线从天花板移到了妈妈脸上，并上下打量，还会咿咿呀呀地发出声音回应妈妈，有时还会露出心满意足的笑容。

门铃响了。原来是爸爸的几个女同事相约来看小枣。

爸爸抱着软趴趴的小枣从房间来到客厅见各位阿姨。小枣表现得很淡定。他喜欢盯着抱着他的大人看，有时还对他们笑一个。逗得阿姨们个个笑呵呵，抢着要抱小枣并合影。

“小枣不怕生哦，好淡定哦！”

“是啊，是啊！”

“他的笑容好可爱啊！”

听着大家对小枣的赞美之词，爸爸内心一阵狂喜。

大家继续在客厅里聊。小枣在房间里玩铃铛。

突然，小枣放声大哭。妈妈边回应小枣，“来了，来了，妈妈来了！”边快步走进房间，熟练地把小枣抱起，将乳头塞进小枣的嘴巴里面。

小枣的哭声越来越小，原来，小枣肚子饿了！

分析

（1）从出生到第5周前婴儿面部会出现一种奇怪的微笑，但是这种微笑与外界刺激无关。它是神经兴奋周期的反应，是身体内部状态引起的反射，由此而引起的一种具有一定节奏的面部肌肉运动，看上去就像婴儿在微笑。

（2）婴儿的哭声也是一种语言。他们通过哭声表达需要和情感。饿了，只能通过哭声来表达，而一含妈妈的乳头，婴儿的安全感也得到了满足，婴儿因此也获得了平和、快乐的心情。

该阶段婴儿的情绪发展

恐惧情绪表现。婴儿听到巨大的响声会出现惊跳反射。惊跳反射是婴儿的本能之一。惊跳反射的表现：突如其来的噪声刺激，或者被猛烈地放在床上，婴儿会立即把双臂伸直，张开手指，弓起背，头向后仰，双腿挺直。

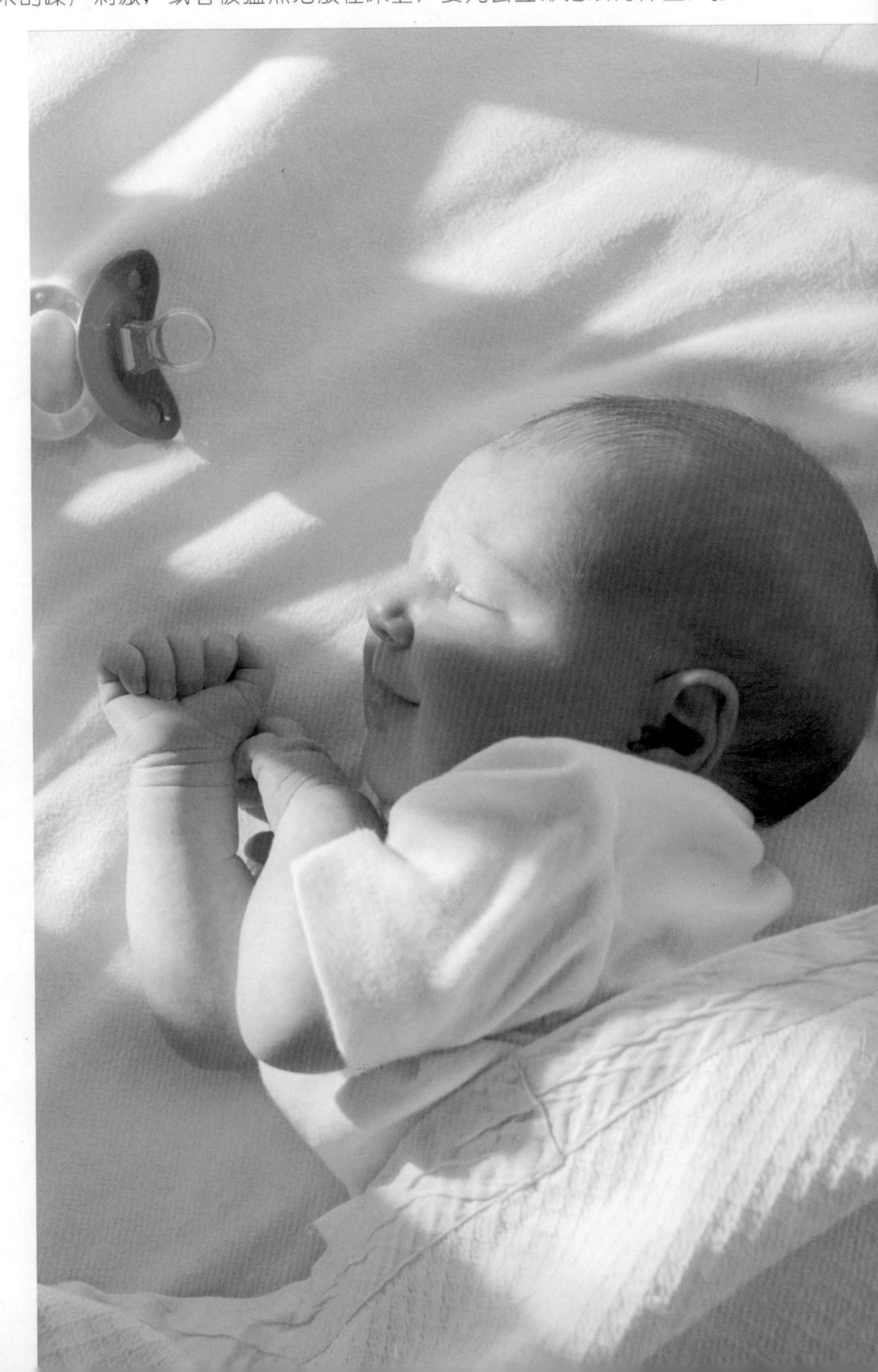

非社会性微笑。婴儿身体舒适、心情满意的时候，对眼前的任何刺激都会报以非社会性微笑。由于这种微笑常常在没有任何外部刺激的情况下发生，因此称这种微笑为“非社会性微笑”。但是，大概从出生后第5周开始，婴儿的微笑逐渐从原来的无意识状态变成有意识的行为，有选择的社会性微笑便开始了。此时的婴儿对人脸表现出极大的热情，能够专心致志地注视人的面孔，然后开颜而笑。此时的婴儿会因为听到成人的声音或看到成人对他们点头微笑而特别高兴，并且十分活跃，眼睛也特别明亮。婴儿开始意识到自己的笑会让成人也笑起来，让成人高兴。处于这个阶段的婴儿一点都不吝啬他们的表情，任何一个面孔，甚至一个纸面具，都会引发他们的微笑。

最初的愉快表现为享受温暖安静的环境。轻柔的抚摸，轻缓的拍打，充足的喂养，干爽的尿片，这些都是保证儿童舒服的条件，当儿童处于这种舒适的环境中时，会表现他的愉快：可能是安静地熟睡，或者是静静地打量外面的世界，甚至还会在睡梦中露出一丝微笑。

婴儿的哭声最初的不愉快是因为离开了母腹。经历了生产痛苦，婴儿一出生就用哭声宣泄着这种不愉快的情绪。一旦有肚子饿了、冷了、病痛等不舒服的感觉，婴儿就会用哭声提醒父母，直到拥有舒服的感觉。可以说，哭是婴儿最初的语言，是与外界交流的第一步，也是婴儿自我保护的工具。

给该阶段婴儿的父母和其他保育者的建议

（1）要帮助婴儿形成安全感和信任感。对婴儿发出的需要、悲伤或快乐的信号，成人要立即回应。

（2）读懂婴儿的哭声。正常的、生理性的哭声很有节奏，声音洪亮且时间短。成人略加安慰——如细语、微笑、轻抚、按摩或哼唱，婴儿就不哭了；而有需求时，比如热了、冷了、饿了、累了、尿布湿了、吃太饱了等，婴儿的面部表情、肢体动作和肌肉紧张程度等都在告诉你他们的情绪与需求；而当婴儿感到疼痛不适的时候，哭声经常很突然、很尖，且其间会有很长的停顿，明显比平时更不易安抚。

（3）回应婴儿的正面情绪。当婴儿很“平静”时，成人可以轻柔地抚摸他们的身体；把婴儿看到的、听到的、感觉到的，用简单的语言描述出来，重复讲给他们听；给婴儿唱，或播放轻柔的音乐；在离开时，告诉他们你去哪里，什么时候会回来。

（4）对各种情感类型进行科学回应。发起“对话”，对婴儿说的话做出回应，对婴儿表达的情感做出回应。

当婴儿表现出兴奋时，成人要善于用声音和面部表情给予反馈，从而巩固他们的兴奋体验。

当婴儿表现出紧张时，成人首先要确定原因，然后改变环境以缓解他们的压力。

当婴儿表现出愉快时，成人要多提供类似活动，积累愉快的经验，如给他们洗澡，与他们偎依、对话、微笑等。

当婴儿表现出生气或受挫时，成人首先要确定原因，然后移走或减少引发他们生气的物体。转移婴儿的注意力，如让婴儿看别的东西。

当婴儿表现出恐惧时，成人要抱着婴儿，使他舒服。再者，可以移走让他们产生恐惧的物体，或改变环境，如抱起被突然掉落的玩具发出的响声吓着的婴儿，摆放好玩具。

当婴儿表示抗议时，成人要确定婴儿在抗议什么，然后停止该活动或换一种方式进行，如改变大人给婴儿洗脸的方式。如果婴儿的抗议还是持续，要求另一位保育者代替你保育。

2．4～6个月婴儿的情绪发展

案例

小枣转眼间就已经6个月大了。

早上妈妈跟爸爸闹矛盾，说话声音有些大。小枣被吓得哇哇哭。奶奶立马从地上抱起了小枣，数落了一下爸爸妈妈，然后带小枣去逛超市了。

刚下楼梯，就遇到了楼上的杨叔叔，杨叔叔见到小枣，乐开了花。

“小枣啊，又跟奶奶去玩了呀？”杨叔叔用手指在小枣的脸上逗了一下。

小枣“哇”的一声就哭开了，弄得杨叔叔一脸愧疚：“不好意思哦，小枣，杨叔叔逗你玩的嘛，认生了呀？”

奶奶也拼命安慰小枣：“杨叔叔逗你玩的嘛，以前来我们家看过你的呀，那时你都还会跟他笑呢！”奶奶边走心里边嘀咕：“你爸妈吓到你了吧？奶奶已经批评他们了！”

到了超市，看到了风扇，小枣最喜欢看风扇转了，此时，小枣的情绪才稍微平静了些。

分析

（1）6个月大的婴儿开始能分辨他人的面部表情和语气，如果说话者比较愤怒，婴儿会感受到愤怒的氛围，如果说话者比较悲伤，婴儿也会感受到悲伤的情绪。

（2）随着婴儿的成长，其处理信息的能力增强了，开始能够分辨出哪些是熟悉的面孔，哪些是陌生的面孔。婴儿开始对不同的人发出不同的微笑，出现了有差别的、有选择的社会性微笑。这一阶段对熟悉人的微笑比对陌生人的多，对熟悉人会无拘无束地笑，对陌生人会带有警惕性。这是社会性微笑的开始。而此阶段，随着对母亲依恋的形成，婴儿怕生情绪也逐渐明显、增强。婴儿在母亲的身边时，怕生情绪较弱，离开母亲时，怕生情绪较强烈。

该阶段婴儿的情绪发展

4个月开始婴儿会逐渐分化出快乐的情绪。当婴儿听到平缓的声音时会睁大眼睛露出微笑；当父母与婴儿说话时，他们会睁大眼睛注视着父母的面孔；轻拍哭泣的婴儿，他们会停止啼哭，静静地躺在成人的怀中；吃饱喝足之后，婴儿还会愉悦地打量着周围的世界，不时地晃晃胳膊蹬蹬腿，偶尔还会发出咯咯的笑声。

愤怒是从最初的不愉快情绪分化出来的，一旦婴儿感到不舒服就会表达他们的愤怒。比如饿了、渴了、尿布湿了，婴儿会满脸涨红地大哭以表达自己的愤怒情绪。如果这种不适的感受不能得到及时解决，婴儿的哭闹还会进一步升级。

出生头几个月的婴儿会被突如其来的巨大响声吓到。当婴儿在睡觉或安静地玩耍时，如果感到恐惧，就会两臂一举，哇哇大哭。

4个月的婴儿也会有悲伤的情绪，尤其当他们独自一人感觉无聊或者忍受饥饿、疼痛、冷热、尿布湿了等不适状况，又没成人及时赶到采取措施时，婴儿就会感觉很悲伤，通常会很伤心地哭泣，有时甚至还可能伴有闭眼、号叫、蹬腿等动作。

婴儿出生3个月后已经对周边事物感到好奇了，尤其是一些鲜艳的、新奇的、运动的刺激物会引发他们的好奇，比如：当婴儿发现移到他们面前的红绒球或者气球时，会好奇地瞪着眼睛追视，还会对人脸表现出特别的喜好，尤其喜好盯着近处的人脸打量。

厌恶也是婴儿这一阶段出现的情绪之一，此时主要表现为对不喜欢的食物味道或气味的拒绝。

该阶段婴儿已经意识到自己微笑的力量了，当希望与别人交流时，开始尝试通过自己的微笑或者欢快的叫声吸引他人的注意，博得他人的喜爱。

给该阶段婴儿的父母和其他保育者的建议

（1）将婴儿放在能看见他人的地方，和婴儿一起观察他们。常带婴儿去不同的地方，培养婴儿对外界环境的好奇心。

（2）提供婴儿喜欢的玩具，在任何可能的情况下都要提供游戏，同时提供持续的触摸和拥抱，避免婴儿出现无聊的情况。

（3）婴儿对陌生人表现出恐惧时，成人应谨慎地引入陌生人，不要让陌生人过于接近，先让婴儿远距离熟悉陌生人。

（4）为婴儿提供安静的时间和空间。要避免过多的视觉和听觉刺激。当发现婴儿受挫时，抱着婴儿，温柔地和他们说话。

（5）经常在婴儿面前笑，哈哈笑，露齿笑。做一些有趣的互动游戏，如“摸你的鼻子”：成人举起手指放在脑后，慢慢地移动手指触摸婴儿的鼻子，同时高兴地说：“我摸到你的鼻子了。”

3. 7~9个月婴儿的情绪发展

案例

小枣最近让爸妈又爱又生气。他似乎有些烦躁，经常一个人在客厅里面玩着玩着就哭闹起来。而爸妈来到身边，他就立即停止，并抱着妈妈的腿站起来。妈妈一走开，小枣就又哭闹起来。

妈妈有时在爸爸面前诉苦自己没时间干活，一走开，小枣就会闹。每次妈妈一跟爸爸说起这个问题，爸爸就一笑带过。

爸妈拿小枣没辙的时候还包括给小枣喂辅食的时候。现在小枣很喜欢抓碗里面的食物，有几次还把装有粥的碗给打翻了。

不过，这阶段的小枣也给家里人带来很多快乐。

小枣会拿起一块小积木打电话，嘴巴里面还发出“啊”的音。有时，还会模仿妈妈的表情，左右甩头。逗得家人乐呵呵。

分析

（1）随着月龄增加，婴儿每天用于睡眠的时间越来越少，更多的清醒时间会使他们容易觉得无聊和烦躁。他们不会乖乖地躺在床上超过20分钟，而需要更多的外界刺激或者父母的陪伴去探索新世界。因此婴儿不再满足一个人待在枯燥的摇篮里或一个固定的地方，往往会用哭闹告诉父母他们的无聊和苦闷。

（2）他们能抓东西吃时，自主意识得到激发，更愿意尝试用自己的手去完成任务。对他们而言，重要的不是能不能吃到东西，而是尝试与练习本身以及自理能力的发展。因此，家长应该多一点耐心，给婴儿多一点探索、练习的时间和机会，让婴儿感受到自己吃饭的乐趣。

（3）这个阶段的婴儿模仿能力特别强，他们经常看到父母接电话，所以也开始模仿并扮演打电话了。

该阶段婴儿的情绪发展

随着月龄的增大，这个时期婴儿的情绪反应不再仅仅局限于满足生理需要，更多地伴随着心理需要而产生。婴儿的快乐不再只是因为吃饱喝足、干爽的尿布、成人的关注，而更多是因为与成人的交流、自主的探索等。婴儿的哭闹也不仅仅是因为生理上的不满足，而是渐渐开始意识到精神生活的需要。这一月龄段的婴儿对陌生人的焦虑情绪更加强烈，同时也更害怕与亲近的成人分离。

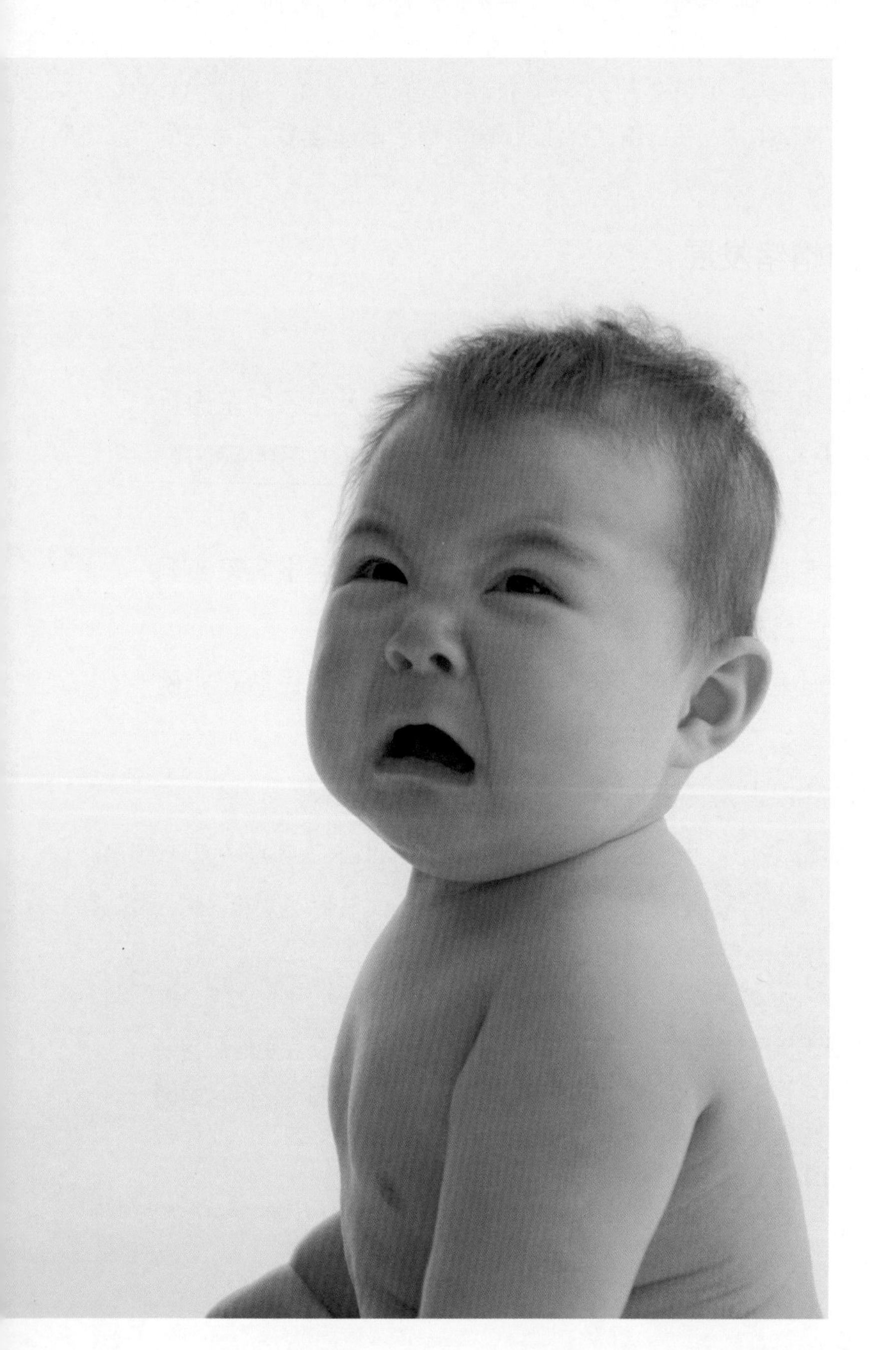

当婴儿7个月大的时候，害怕陌生人的情况逐渐显现。当他们与妈妈或其他亲人分开时，还会表现出明显的不高兴。例如：逛街时不肯坐推车，一定要成人抱，而且一定要妈妈抱，见到陌生人的第一反应就是大哭，并且会哭很久；正在床上玩玩具的婴儿看见妈妈打开门要出去时，就会哭闹。这种反应就是婴儿的陌生人焦虑和分离焦虑。

这个时期的婴儿能根据父母的情绪反应来处理自己不确定的情况。比如：当婴儿眼前的事物第一次出现时，他们往往会根据父母当时的情绪表现来行动。例如：当婴儿要伸手摸仙人掌时，父母很惊恐，甚至大声制止，婴儿往往会停下触摸的尝试。如果父母的情绪没有变化，甚至积极鼓励，婴儿往往会积极尝试。

7个月的婴儿逐渐掌握了爬行的技巧，迫不及待地练习爬行。婴儿的手部动作也越来越精细，可以用拇指和食指捡起东西。伴随着爬行能力的发展，这个月龄段婴儿越来越热衷于对周围世界的探索。

随着与父母的互动和对他们的依赖不断增多，婴儿越来越期待从父母处寻求帮助与安慰。比如：当陌生人出现时，婴儿会尽量依偎在父母的身上来寻求安慰从而克服自己的害羞与焦虑的情绪。

给该阶段婴儿的父母和其他保育者的建议

（1）对陌生人表现出恐惧，是正常现象。家长不用上升到对婴儿进行消极评价，认为他们胆小，不够勇敢。其实，那是婴儿开始建构自我的一个表现。如果父母要暂时离开，要记得告诉婴儿你要离开，并且很快会回来。向婴儿介绍接替的保育者，并解释此人将会在你离开期间照顾他，然后告诉婴儿你何时回来。如果有条件，先让婴儿和要接替保育的人待一段时间，让接替保育的人给婴儿喂食，拉近距离和增强熟悉感。不要一下子就把婴儿交给接替的保育者带。

（2）成人要保证婴儿活动区域的安全。在需要时多安慰、鼓励婴儿，当婴儿能够扶着东西站起来时，更要及时给予表扬。

（3）在保证安全的情况下，多提供材料给婴儿探索。当婴儿对所看到的东西感兴趣，想去触摸时，不要因为它脏而限制他们的探索，成人只需时刻关注，给他们的探索营造一个安全的环境即可。

（4）当婴儿表现出愤怒时，婴儿有时会有踢腿、胡乱挥胳膊、尖声喊叫或持续哭闹，成人应该允许婴儿的这种情绪发泄，然后弄清婴儿愤怒的原因。如果可能，要降低或消除愤怒的诱因，用触摸、摇晃、安慰性的话帮助婴儿平静下来。同时成人也不要急躁或表现出负面情绪，应该保持镇定，提供安慰性的支持，要用语言肯定、承认婴儿的愤怒和悲伤。

4. 10～12个月婴儿的情绪发展

案例

小枣能够扶着小床边缘走两步了，他还会示意奶奶帮他拿东西。奶奶倒是能够理解小枣的意思。但每次小枣拿到东西玩不到五秒钟，他就往地下放，有时是往地上扔。放的时候，他还把头低下来，看看那东西滚哪里去了。然后又“哦哦”地缠着奶奶要，奶奶不帮他捡起来的话，小枣就会闹。奶奶无奈，就把地上的玩具捡起来让他继续玩，谁知道小枣总是“故伎重演”。

奶奶有些“不耐烦”了，“就知道扔东西！不帮你捡起来了。”

小枣见奶奶没帮他捡，就淘气地在小床上闹，闹着闹着，就大声哭起来了。

分析

小枣扔东西的行为尽管让大人感到非常困扰，却是他独有的学习方式。一开始小枣可能只是在偶然的情况下把手上的东西丢到地上，他发现手中的东西立刻就消失了，再往地上一看，它居然又出现了。在成人看来这是生活常识，但在小枣看来却像变魔术一样神奇。“再扔一次会不会还是这样呢？到底是什么让它消失的呢？”因此小枣像一个努力寻找答案的科学家一样，一遍遍地做着实验。

该阶段婴儿的情绪发展

该阶段的婴儿与妈妈的依恋关系基本形成。他们会更加依恋母亲，当母亲暂时离开时，婴儿会表现出离别焦虑，如果陌生人安慰，一定不及母亲安慰有效。

婴儿对成人表情的理解能力进一步提高。他们会根据父母的表情判断自己的下一步行为。比如：当婴儿靠近危险时会因为父母惊恐或着急的表情停下来；当婴儿做某一动作后获得父母用微笑表示赞扬时，婴儿会重复该动作。此外，婴儿还会跟踪母亲的视线，以理解她们感兴趣的是什么。在交往能力上，婴儿进一步提高，家长可以教其学习握手、再见等基本的社交礼仪。

随着婴儿的成长，他们不再只是被动地接受父母的安抚，已经学会了很多情绪调节的方

法，并且很多时候能有效地控制自己的情绪。比如：当有些婴儿感到紧张时会用吸吮手指的方式缓解，有的婴儿会让身边的熟悉物品来陪伴自己。会爬和会走使婴儿能通过接近和逃避各种刺激进一步有效地调节情绪。

给该阶段婴儿的父母和其他保育者的建议

（1）在这一阶段，婴儿正在发展喜好，成人要观察和收集该阶段婴儿喜好的玩具，确保他们能经常拿到这些玩具。因为提供他们喜欢的玩具不仅可以增加他们玩玩具的愉悦感，而且可以增强他们对自己世界的控制力。

（2）允许婴儿尝试自己吃饭和穿衣。不要觉得他们自己吃饭、玩饭要花很长时间而剥夺了他们自主独立的锻炼机会，成人要给婴儿多些时间和耐心，让他们练习自己吃饭的技能。允许他们尽可能独立地完成尽量多的任务，包括给婴儿东西时，不要直接给到他们手上，而是放在不远处，需要一点努力才能够着的地方。

（3）让婴儿开始学习服从“不”。成人应该保守地使用“不”，这样婴儿才能确定重要情境，即在此情境必须控制自己的行为。使用坚定但不生气的声音，脸上表现出坚定而不是微笑的神情。如：在婴儿把食物扔在地上时，成人可以说：“不，你需要把胡萝卜捡起来，放在你的碟子里。让我们看看你把胡萝卜放在嘴里。”

（4）对婴儿表现出的高兴、欢乐、愉悦、焦虑的情绪，成人要确定原因，如果可能，成人首先要清除诱因。同时，成人要镇定地说话，有时可以抱着安慰他们。也可以帮助他们开展新活动，转移婴儿的注意力。婴儿发脾气时，有时可以进行冷处理，不用回应，减少强化。

（5）成人有时需要当一名观察者，而不是过度陪伴。同时，只要没有危险，这个时候成人不要过多地干预婴儿的活动，应让他们尽情地玩。当婴儿真正面临危险时，成人才需对他们的活动进行干预。玩是婴儿的天性，不要扼杀他们的天性，玩也是婴儿认识、学习的过程。

1．0～3个月婴儿的社会性发展

案例

家里自从有了小枣后，热闹了不少。且不说来看小枣的人多了热闹，爸爸每次抱小枣时，不是唱歌就是跟小枣说好多好多的话，妈妈都说爸爸似乎变了个样儿。而小枣每次都会注视着爸爸，有时还会对着爸爸笑，爸爸逗小枣的热情就更加高涨了。

这段时间，来看小枣的叔叔阿姨，隔三岔五，而让爸爸妈妈感到自豪的是他们都在夸小枣活泼可爱，又不认生。叔叔阿姨逗他玩，他就笑得很开心。

不过，这段时间倒是让妈妈身心疲惫，小枣睡觉总是喜欢踢被子，刚盖上的被子，他小腿一蹬就蹬掉了。要经过多次这样的“博弈”后，小枣才会安静下来。

分析

（1）婴儿已经具有了一定的社会行为技能。他们会对人脸的图案表现出偏好，成人夸张的面部表情往往能引起他们极大的兴趣，婴儿还乐于关注成人愉快的表情和声音。婴儿出生后第5周左右出现社会性微笑，2个月大的婴儿在与成人面对面时，能够感受到成人的情绪而做出相应的反应，从而与成人进行简单的互动。

（2）此时婴儿的社会适应处于“不怕生”的阶段。3个月大的婴儿还没有建立起特定的依恋对象，此时宝宝对人的反应几乎都是一样的，哪怕对一个精致的面具也会表现出微笑。他们喜欢所有人，喜欢注视人的脸，并不会因为这张脸“熟悉”或“陌生”而表现出不同的反应。

（3）3个月大的婴儿已经有了初步的“自我意识”，并且刚刚掌握了新的动作技能，此时的婴儿对自己能做什么表现出好奇和愉快，特别是能够使别的物体发生改变的动作会给他们带来“成就感”。他们会不断地重复这些能带来成就感的肢体动作，如吸吮手指，挥动手臂，或是蹬掉被子。

该阶段婴儿的社会性发展

0～3个月婴儿社会性的发展尚处于萌芽阶段，对于自我和他人的区分还不是很清晰。只要他们身体的需求能够得到适当的满足，至于需求的满足是谁供给的，对他们来说没有太大的分别。此时他们的社会适应行为是基于生理需求的，吃母乳的婴儿，只要抱成他们习惯的姿势，他们就能寻找奶头。

对他人的注意明显高于对物品的注意：刚出生的婴儿即对人脸的图案表现出较高的兴趣，并能模仿成人的面部表情，这是类似本能的反应。伴随着这种本能的反应，婴儿逐渐对他人表现出兴趣。婴儿在1个半月时出现真正具有社会意义的微笑，如婴儿会自然地把头转向成人，注视成人的面部，并被成人夸张的表情逗得哈哈大笑。在2个月时婴儿会注视同伴。3个多月的婴儿与同伴在一起时，会互相观望和抚触。

婴儿在该时期的沟通，主要以哭泣、吸吮、探寻、抓握等本能反射为手段表达自己的需求。他们对于他人各种行为的回应也是情绪性的，表达和反映了自身的生理感受。

该阶段婴儿对环境和人没有区分：从第5周开始婴儿已经具有初步的社会性微笑，但对人没有区分，他们喜欢微笑的人脸，不管是熟悉的人还是陌生人，他们都会表示欢乐。当环境舒适时，婴儿感觉良好；若外界的刺激使他们感到不适，婴儿就会啼哭。

在婴儿出生后3周左右，会为了吸引成人的注意而发出不同于受到惊吓的“假哭”；8周以前，婴儿就能发现自己可以使一辆玩具小汽车动起来。这些证据表明婴儿在出生后一两个月甚至更早的时候就有了自我意识。

给该阶段婴儿的父母和其他保育者的建议

（1）要迅速回应婴儿的需要，通过看、抱、抚摸、说话、玩耍、轻轻摇晃婴儿等方式发起与婴儿的互动。

（2）选择帮助婴儿了解自己的材料。多带婴儿照镜子，并进行解释，里面的那个人就是他，一旦孩子对着镜子中的自己笑，成人要和婴儿一起笑。成人也可以在婴儿的手和脚上涂上明亮的颜色或圆点，以吸引婴儿的注意。

（3）多与婴儿进行目光接触，让婴儿集中注意力，但此时，成人应注意表情的愉悦。

（4）把婴儿放在能看到成人四处走动的地方；多带婴儿一起去观察各种各样的人。

2．4～6个月婴儿的社会性发展

案例

妈妈一早就给小枣穿上了帅气的衣服。今天妈妈要带小枣参加一个同学聚会。小枣6个月了，第一次跟妈妈参加这么大型的聚会，而且有很多和小枣差不多大的小朋友。小枣也是第一次见到这么多的小朋友，显得有些兴奋，他不停地左右转着小脑袋去看旁边的小朋友，偶尔也会看看妈妈。

正当妈妈和一个阿姨聊得起劲的时候，小枣伸出了自己的右手轻轻地拍了几下旁边小朋友的脸，然后还试着去抓她，被妈妈笑着制止了。这时，旁边的阿姨递给了小枣一块饼干，小枣一拿起就立马往嘴巴里面塞。这可吓到了妈妈，“小枣，你慢点哦，别噎着啦！”小枣似乎没理会妈妈，继续往嘴巴里塞，但一不小心，饼干没拿稳，掉到地上了。小枣刚刚那副专注的表情一下子被焦急取代，哇哇地哭了起来。

分析

（1）5个月左右大的时候婴儿已经有了初步的同伴意识，会对周围跟他差不多大的小朋友表现出兴趣，有别的婴儿在旁边时会想要亲近。这是婴儿关注他人的一个表征。

（2）随着各项能力的提高，6个月时婴儿的生活适应也进一步发展起来，能够积极主动地进食。虽然不一定吃得动，但知道是食物，婴儿就会毫不客气的拿着往嘴巴里塞。

（3）婴儿的自我意识进一步增强。能够拿着饼干自己吃，对小枣来说是一次成功的体验，他分清了嘴巴和手的功能，并乐意享受对自己身体的控制感。当拿不住饼干的时候，小枣体验到了挫折，而他也用啼哭表达了自己的挫败和焦虑。

该阶段婴儿的社会性发展

同伴意识出现。5个月左右大的婴儿已经有了初步的同伴意识，能够区分成人和孩子，会对同伴微笑，也会做出一些表示“友好”的动作，发出呀呀的声音。婴儿开始喜欢小朋友，如果他们有哥哥姐姐，当哥哥姐姐与他们说话时，他们会非常高兴。听到街上或电视中有儿童的声音也会扭头寻找。婴儿对其他小朋友的喜爱会随着月龄的增长而增加。

开始区分对待熟悉的成人与陌生人。这个月龄段的婴儿已经可以很清楚地辨别熟悉的人和陌生人，并有了明显的喜好，这个月龄段的婴儿不会再像以前那样，对每个人都非常友好。

能够认人。6个月大的婴儿开始认人了，情感的表达方式也更加丰富，婴儿最喜欢与亲近的人待在一起，如父母或亲近的养育者，对他们的声音也十分敏感。听到他们的声音，婴儿会很高兴，与他们在一起时，婴儿会挥舞胳膊要求抱。

开始认生。6个月的婴儿可以认出熟悉的人，见到熟人会主动微笑要求抱，而对于陌生人，他们只会盯着看或微笑一下。有些婴儿则明显地认生，对陌生人表现出害怕的样子，也较为害怕陌生的环境；不顺心的时候，拒绝没那么亲近的人的搂抱，而只让爸爸妈妈或亲近的养育者抱。

生活适应能力开始发展。有了独立进食的行为，给他们东西可以自己拿着吃，喝水时也能主动扶着奶瓶。

核心自我开始发展。此时婴儿开始感受到核心的自我，逐渐察觉到自我的个体性及自己的情感状态。五六个月开始，婴儿会对自己发出的声音感兴趣，经常呢喃或自言自语。他们也开始喜欢别人喊他们的名字，听到声音他会注视并寻找声音的来源。他们也已经有了一些

“小心思”，知道当自己做出某个动作或行为时，成人会做出回应。

对自我的控制感增强。他们对身体的控制感更强，开始主动地去做一些事。4个月大的婴儿开始经常对外部事物做出不断重复的动作，如摇动拨浪鼓、抓握玩具等。说明他们已经意识到可以使用身体对外物施加影响。

注意到自我的存在。这时的婴儿也开始能够意识到自己和他人是不同的存在。呈现一段他们和其他小朋友活动的录像，婴儿对同伴的注视时间会长一些。将4个月大的婴儿面向镜子时，轻敲玻璃吸引他们的注意，他们能明确注视自己在镜中的影像，对着影像微笑并与“他”“说话”。

给该阶段婴儿的父母和其他保育者的建议

（1）为婴儿提供小镜子看自己，提供可照全身的镜子让婴儿看自己和他人。

（2）培养婴儿的独立性。如果可能，让婴儿自己完成任务。给水婴儿喝时，放在他们面前，鼓励孩子自己拿起奶瓶。东西拿不到时，不要立马就帮他们拿，而是给多一些“桥”帮助他们拿到。

（3）让婴儿玩自己设计的游戏，成人不要过度陪伴，只需要在保证安全的情况下，静静地观察。当婴儿在玩自己的游戏时，不要分散婴儿的注意力。同时，也不要强迫婴儿玩你设计的游戏，因为培养婴儿自我构建游戏的能力很重要。

（4）和婴儿玩游戏，模仿他们的举动，如把嘴张得大大的，伸出舌头。

（5）创造条件和其他婴儿玩耍，让婴儿触摸其他婴儿，和其他婴儿“说话”。与同龄人玩耍时，成人应注意婴儿的安全，避免他们之间互捏或互打。

（6）鼓励但不强迫婴儿吃饭，可以少量多餐。

（7）在遇到陌生人时，抱着婴儿，提供安全感。在陌生人触摸婴儿甚至进一步接触婴儿前，给婴儿时间听、看陌生人。

3. 7～9个月婴儿的社会性发展

案例

今天是星期六，爸爸不用上班，一早就和7个月大的小枣在床上玩了。

小枣很喜欢听爸爸唱《小燕子》这首歌。爸爸一边唱，一边随着节拍在小枣面前拍着手。小枣也很高兴地看着爸爸，学着爸爸的样子拍手，嘴巴还学着爸爸啊啊地叫着，样子很兴奋。这时妈妈在外面说了句什么，小枣听到了，扭头去看。爸爸拍着手继续唱，并示意小枣也继续。小枣将脸转向爸爸，注视了几秒。爸爸继续陶醉地接着唱歌。但小枣只是看了看爸爸，然后身体前倾，抓住了爸爸的手。爸爸笑着说：“不唱了呀？行吧，我们不唱了！”爸爸似乎一

下子就读懂小枣的心思了。

爸爸顺手抓起了身后的水杯喝水，小枣看见了，也要伸手拿，并啊啊地叫着。

分析

（1）7个月后的婴儿与成人的互动更加深入，手段也更加多样化。此时的婴儿可以通过模仿动作、表情等多种方式与成人进行情绪情感上的交流，在这个过程中与成人进行愉快的互动。其依恋关系也逐渐形成，开始有了特定的依恋对象（通常是父母），与亲近的人交流时也更加容易高兴起来。

（2）7个月大的婴儿自我意识进一步增强，能够体认到自我的情感与感受，并表达自己的心理需求。当小枣被妈妈的声音打断了，不愿再继续听爸爸唱歌时，他平和表达了自己的意愿，让爸爸知道他不想再玩了。

（3）这一阶段婴儿的生活适应能力伴随着自我意识的发展进一步增强，对于进食、喝水这些与自我生活密切相关的事情已经有了要试一试的倾向，看见成人喝水，也想自己拿着水杯喝水。

该阶段婴儿的社会性发展

亲子关系中交往手段增多。该阶段的婴儿会用不同的方式表达自己的情绪，如用哭、笑来表示不喜欢、喜欢。此时婴儿的哭笑已不是之前简单的生理上痛苦或愉快的表达，而是表达一种偏好。

该时期的婴儿对成人语言的理解能力增强，能根据语调、语气的变化初步理解成人要表达的含义。婴儿对语气蕴含的情绪的理解力也进一步增强，能辨认出友好或愤怒的说话声。如果成人用欢快或温柔的语气对婴儿说话，他们会很高兴；如果成人用大声的类似于训斥的声音，婴儿会哭。

亲子交往中有了更为密切的互动。这个阶段的婴儿与大人的交流也逐渐变得更加容易、主动，他们会通过语言和动作配合的方式与大人交往。如给他们穿裤子时，会主动把腿伸直，得到他人的表扬和赞美时会重复动作。

交往中能够听懂简单的指令。随着婴儿语言能力的发展，9个月大的婴儿不仅能够听懂成人平常说的词语，对成人说的“不”也能很快做出反应。婴儿也开始经常发出“ba ba ba”的声音，喜欢用语言来表达自己的意思和情感了。

真正的依恋关系正在形成。该时期婴儿依恋逐渐进入明确阶段。8个月大的婴儿出现依恋情绪，不肯离开妈妈或主要照顾他们的人。

开始主动对同伴示好。该时期的婴儿与上阶段比，对同伴表现出更大的兴趣，与同伴在一起时，会主动对同伴微笑，或伸手触摸同伴。

与陌生人接触时较为“怕生”。7~9个月的婴儿，已经能辨别陌生人和熟悉的人，并对陌生人充满了好奇。但当不认识的人突然接近他，或在他尚未习惯这个陌生人之前便接触或抱起他时，婴儿多半会哭。

具有初步的独立意识。此时婴儿吃东西喜欢自己拿，喜欢自己脱袜子和帽子，玩耍时也有了一定的偏好和主见。

有较强的探索欲，能够接收成人的简单指令。

自我控制能力开始发展。成人可以给孩子设立一些“禁区”。

给该阶段婴儿的父母和其他保育者的建议

（1）随时随地让婴儿做一些力所能及的事情，培养其自理能力，在积极关注婴儿，让他们感受到爱的同时，不过分依赖成人。

（2）不断更新和丰富材料，在保证安全的情况下，允许婴儿随时随地进行探索，为推动婴儿的探索创造条件，营造安全的探索环境。

（3）学会对婴儿说“不”。对于危险的动作或情况，成人可用语言、表情和动作表示“不”，使婴儿懂得不能做，成人的及时告知和反复指导会让他们明白并能够控制自己不去做。

（4）不要强迫婴儿和陌生人接近，他们可能不希望被陌生人抱着。

（5）当婴儿需要你的互动或回应时，成人应迅速进行回应，与婴儿说话、玩耍。

4．10～12个月婴儿的社会性发展

案例

今天，妈妈的同事陈阿姨和孙叔叔来家里玩。妈妈和陈阿姨、孙叔叔三人坐在厅里的沙发上开心地聊着天。

小枣则坐在地垫上，一个人安静地玩玩具。现在妈妈喜欢拿很多的东西给小枣玩。所以小枣也没觉得无聊。小枣拿妈妈的梳子，在给自己梳头发呢！逗得大家哈哈大笑。

陈阿姨屈身过去，示意也想梳头发。妈妈说：“小枣，把梳子给陈阿姨吧！”小枣看着陈阿姨，把梳子递给了她。陈阿姨当着小枣的面，一边夸着小枣，一边也梳起了头发。此时孙叔叔过来，想跟小枣玩，小枣则躲在陈阿姨的怀抱里面去了。然后对着妈妈叫，示意妈妈过来抱他。

妈妈在一旁就乐着说：“看来孙叔叔要多过来看我们家小枣咯！”

分析

（1）10个月后婴儿对于“交流”更加感兴趣，能够听从成人的指令和要求，以求得表扬。此时婴儿的亲社会行为，如分享，也多是在成人的指令下进行，是对成人的服从。但此时若强行将婴儿手里的东西拿走，他会很不高兴。

（2）10个月后的婴儿开始模仿成人的举动，他们对成人的一举一动都充满着好奇。小枣之所以会梳头发，就是因为平时看到妈妈梳头发。

（3）10个月后小枣已经开始有了陌生人焦虑，对他人也有了一定的偏爱。陈阿姨是小枣熟悉的人，而孙叔叔小枣很少见面，所以他会害怕。

（4）10个月的婴儿已经和依恋对象建立了较为特殊的关系，依恋对象一般是妈妈。婴儿在遇到挫折或难过时会寻求依恋对象的抚慰。

该阶段婴儿的社会性发展

同伴交往发展进入初级阶段，与小朋友之间有了以物体为中心的简单交往。这时婴儿与同伴在一起时的交流不仅有触摸和微笑，还有了对物品的共同注意，但这还不是真正意义上的交往。他们的注意力多集中于物体或玩具，而不是其他的婴儿在做什么。

亲子交往中婴儿与成人的交流更有自主性。该阶段的婴儿喜欢与成人交往，他们会设法引起成人的注意，如主动讨好成人或者淘气。他们也更喜欢玩与成人互动的游戏，如藏猫猫，在进行此类游戏时会非常高兴。

能够顺从成人的要求。该时期的婴儿能够执行成人提出的简单要求，他们对他人的要求已经有了一定的意识。此时婴儿一般很听话，愿意听成人的指令帮忙拿东西，以求得赞许。

如果要求他把玩具给别人，他会试着去做。

该时期的婴儿对成人的行为充满兴趣，喜欢模仿成人的举动。与上一阶段相比，婴儿模仿的范围不再局限于简单的动作，而可能是一系列的工作或行为，并能将学来的行为不分情境地加以运用。如果有哥哥姐姐，则哥哥姐姐会成为其模仿对象，并且模仿行为更加明显，通常哥哥姐姐做什么，他们也会做什么。

有了简单的礼仪行为。在成人的教导下。该时期的婴儿有的可以招手表示“再见”，会鼓掌，会做“恭喜发财”等动作，会摇头，但往往还不会点头。

亲子依恋更加鲜明。更加依恋妈妈，有明显的依恋情结，出现了分离焦虑。妈妈去哪里，他们就想着去哪里。

亲子交往中，情绪开始受妈妈的情绪影响。当妈妈不安或沮丧时，婴儿也会显得不高兴；如果妈妈十分轻松快乐，婴儿也表现得很兴奋。

自我意愿进一步增强。该时期的婴儿开始要自己吃饭，试图自己拿着杯子喝水。这一时期的婴儿处在反抗前期。他们的探索欲增强，开始根据自己的意愿行事。

表达自我的意愿更强。该时期的婴儿热衷于对周围世界的探索，表达自我的意愿也更强。当他们被限制做某事时，会以更强烈的方式，如发脾气、哭闹等形式发泄痛苦和不满。

给该阶段婴儿的父母和其他保育者的建议

（1）多与婴儿互动。在婴儿独自游戏，需要你回应时，及时回应婴儿的行为。平时多和婴儿说话，可以对当时的情景进行描述或设置问题等。同时创造条件让婴儿接近其他婴儿和成人。

（2）不要强迫婴儿和陌生人接近，也不要强迫他们与陌生人打招呼，但成人可以做好示范。

（3）成人要主动发起游戏，比如藏东西让婴儿找，或者做动作让婴儿跟着一起做。开始时，成人可以握住他们的手先带一下，比如“鼓掌”“再见”“敬礼”等。

（4）提供足够的玩具和材料，尤其是有朋友过来家里玩的时候，婴儿就不用和玩伴争夺玩具了。

（5）即使成人在忙着其他事，也要用语言提供积极的关注，让他们感受到你的存在和对他们的关注。

（6）继续坚持学习对婴儿说“不”。对于危险的动作或情况，成人可用语言、表情和动作表示“不”，使婴儿懂得不能做。成人的及时告知和反复指导会让婴儿明白并能够控制自己不去做。

第三节

教养环境的创设

案例

小枣自从会爬后，就喜欢在客厅里到处爬来爬去。小枣刚刚爬到电视柜下面拉了一下抽屉的把手，抽屉就被拉出来了。小枣一推，又把抽屉推进去了。这时，小枣怎么拉，都不能把抽屉拉出来。小枣开始着急得"哦，哦"地叫。在一旁观看的奶奶有些着急，准备起身把小枣抱离那个位置，一边说："不要玩这个，很危险，会被夹到手的。"爸爸则不急不缓地示意奶奶不用担心，让小枣多玩一下。爸爸来到小枣身边，和他一起玩抽屉推拉游戏，还时不时提醒小枣的手不要被夹到。一旦小枣成功地完成了一次推拉动作，爸爸就会对着小枣鼓掌，表扬他。很快，小枣就玩得很娴熟了，而且兴趣非常浓。

分析

从呱呱落地，到逐渐长大，婴儿对外界环境的好奇和探索从来就没有停止过，他们总会以自己独特的方式表现出来。在出生后的头一年里，如果婴儿所处的环境让他们感受到爱和安全感，使他们有机会对刚刚出现的技能加以练习，他们就会对环境产生更浓厚的兴趣，也会变得更加活泼、敏捷、愉悦。因此，我们可以对婴儿的世界加以设计，使他们每天的生活丰富多彩，并且有各种适合其兴趣与能力的活动可供选择。

所有正常的婴儿在出生后的头一年里，都至少与一个成人建立牢固的关系，他们极度需要一个充满爱的和被关怀的环境。著名的人格心理学家艾瑞克·埃瑞克森（Erik Erikson）强调，在该阶段成人要与宝宝尽快建立一种“信任感”。这是最自然也是最有益的养育方式。

1．回应。

对婴儿发起的“对话”要及时反应，让婴儿感受到所处的是一个安全的环境。在该阶段的婴儿，语言能力尚未发展完善，成人应学会观察婴儿，了解他们的需要，做出及时反应。

对婴儿生理需求的回应：如婴儿肚子饿，需要喂食，尿不湿要更换。成人都要细心观察和回应。

对婴儿心理需求的回应：多跟婴儿拥抱和眼神、言语的交流。尤其当他们受到惊吓或感到恐惧，成人都要及时回应宝宝，给他们拥抱并抱离现场。

对婴儿“语言”的回应：当婴儿在“安咕咕”的咿呀学语时，成人可以用丰富的表情模仿婴儿的语调进行“对话”，而随着婴儿肢体动作的发展，他们会在说话时顺带动作，成人要读懂婴儿的动作的指向性，然后用疑问句或陈述句进行回应。如婴儿的手指着门口，哦哦地叫喊时，成人应立马回应：“哦，宝贝，你是想要出去是吗？”当婴儿的手指指着书上的图片时，成人应立马回应图片里面的内容：“哦，没错，这是风扇，风扇会转！”让婴儿觉得自己有存在的价值感。

2．爱的氛围。

一个安全、健康的心理环境，首先必须是一个充满爱的环境。如果生活在一个支离破碎的家庭，抑或是充满暴力的家庭，孩子总是会被冷漠对待。孩子如果长期处于一种惊吓的状态，会极度缺乏安全感。所以爱的氛围的营造很重要。

传统的育儿观念就是妈妈相夫教子，爸爸负责外出赚钱，或爸爸以孩子很小为理由，很少参与到孩子的教育当中。这其实对于孩子的健康成长是不利的。父亲角色在婴儿0～1岁这个阶段尤其重要。父亲的音色、形象、言行举止、处事风格，都会给孩子带来深深的影响。而父亲的加入，可以让孩子从小感受一种家庭的概念。所以，再忙的父亲，都应该抽出时间，忘

掉工作，全身心地陪伴孩子，和妈妈一起营造爱的氛围。有一句话说得很好：应酬推了，可以有下一个应酬；而孩子的成长，你一没留意，它是不会再重来一次给你陪伴的了！所以，请尽量多一些父母一同陪伴孩子的时光：一起散步，一起看书，一起玩游戏，一起唱歌给孩子听，等等。

而爱的氛围的营造，同时还需要父母在孩子面前多些微笑，在孩子面前交流时轻言细语。不应让孩子生活在嘈杂吵闹的环境当中。

随着孩子各方面能力的发展，孩子的好奇心和探索欲望是逐日加强的。任何材料对于孩子而言，都是一些很新奇的东西，他们通常会通过抓、举、握、捏、翻、扔、咬来认识周边的玩具和材料。而适合该阶段婴儿探索的玩具和材料主要有以下几种。

1. 声音玩具： 可以购买，也可以进行自制。如在覆有薄膜的小罐（塑料的或金属的）里放进一小勺未煮过的谷类，盖上盖子，用彩色带子缠上。婴儿喜欢拿起来摇动，因为他们对里面的东西发出的声音感兴趣。

2. 大镜子： 婴儿在该时期会对面前15～20厘米远的地方垂直放置的镜子表现出一些兴趣。家长可以把镜子（高质量、防破碎，确保安全）固定在婴儿床的床头。婴儿在趴着的时候，会抬起头，偶尔看一眼镜子中的自己。这可以诱使他们重复这样的行为，并把头抬得更高，以便看得更清楚。

3. 洗澡的玩具： 所有的婴儿都喜欢玩水。好的洗澡玩具不应只是能漂浮在水面上或让婴儿灌水。那些带有水枪和喷射器的玩具会更有意思。成人可以先示范玩法，比如把一个波波球压到水里面去，然后放手，球就会自动弹起。成人可以先带着婴儿玩。

4. 重击、敲打很安全的玩具： 可以买专门的类似打地鼠的玩具，也可以直接拿家里现成的矮凳子或将水桶倒着放给婴儿敲打。

5. 球： 各种大小的球，小到乒乓球，大到篮球，但最好是软球，让它们在婴儿面前滚动。当婴儿会坐的时候，可以和婴儿对坐着滚球；当婴儿会走路的时候，则可以引导婴儿用脚踢球。

6. 生活用品： 如坏的手机、电话、梳子等婴儿常见到的物品，用于丰富婴儿的角色扮演经验。当婴儿拿起手机时，成人要立马也做出打电话的姿势，对婴儿的行为进行回应。

7. 各种图书： 图书内容的选用很重要，最好是婴儿经常看到事物，成人又在生活当中介绍过的。其次，成人要和婴儿一起阅读，而不是指望婴儿自己拿书自己看。可尝试如洞洞书、发声书、翻翻书、触摸书、洗澡书、布书等立体或异形图书。

这个年龄段婴儿使用的材料必须既安全又富有挑战性。婴儿能抓住、能拿起来的每种物体都会被他们送进嘴里，所以在允许婴儿触摸玩具前要确定材料是否安全。每种玩具均应达到如下所有标准：

◇ 足够大，不会被吞咽下去（使用“窒息试管”测量小一些的物品）。

◇ 没有尖边或锐利的边缘，不会割破、刺破皮肤。

◇ 能被清洗。

◇ 着色的表面使用的是无毒颜料。

◇ 足够坚固，经得住咬、重击和扔。

该阶段还要保证婴儿所处的环境安全，尤其是当婴儿会爬之后。他们对各个房间的各个角落都充满了好奇，如果成人不对这些环境进行安全隐患的扫除，危险时时都有可能发生。比如：厨房和居室是否存放易碎的玻璃制品、陶瓷制品等，锋利的物品如刀子和切磨用具是否已经放在安全的地方。

第四节

适合0～1岁婴儿的综合性游戏

案例

小枣最喜欢和爸爸在床上玩游戏了。小枣喜欢找爸爸藏起来的东西。刚刚爸爸又把波波球藏在被子下面，然后对小枣说："小枣，你去把波波球找出来给爸爸好吗？"小枣听得懂爸爸的意思，很快就去掀被子，然后拿出波波球，很有成就感地把手在爸爸面前伸得直直的，然后发出"哦哦"的声音，示意爸爸继续藏波波球。这样的游戏，小枣每天都玩不腻。有时爸爸把波波球放到手里，然后让小枣来猜球在哪只手里。只是小枣猜中一只手后，就一直猜那只手。

分析

婴儿在3个月前，能做的功课主要就是观察周围的人与事物，并做出各种努力去抓放在面前的各种物品；过了3个月，婴儿才能够较好地控制手与胳膊的活动，开始能够抓住并查看手中的小物品了；再往后婴儿很快就能够滚、爬、走，拥有属于自己的独立世界，并从此进入探索阶段。所以，适合该阶段婴儿的游戏不宜复杂，而且需要成人的陪伴和参与，甚至是由成人发起适合该阶段婴儿的综合性游戏。

适合该阶段婴儿玩的综合性游戏

（1）神奇布袋：让婴儿在自由摆弄的过程中，发现袋内的小玩具。成人鼓励婴儿从袋里拿出小玩具。有的婴儿能双手配合拿，有的则单手拿，很难取出，成人要善于观察、等待。当婴儿不能取出玩具而表现厌烦时，成人可协助其取出，还可鼓励婴儿把取出的玩具再放回去。若婴儿对取出的玩具感兴趣，成人应满足其摆弄的欲望，并通过示范以吸引婴儿的注意和模仿成人的动作。

（2）玩纸：将不同质地的纸逐一提供给婴儿，观察他们有何反应和如何摆弄。他们可能会双手抓纸向两边扯，可能会抓起后扔掉，也可能会把它撕碎。当纸被撕碎时引导婴儿把小纸片放在筐中，由于纸片小，婴儿会用拇指和食指去钳取；若撕不碎，成人可撕给宝宝看，再放入筐中。

（3）找声音：成人引导婴儿自由爬行，并从不同方向发出声音（如

小动物的叫声），使婴儿边爬行边寻找声源，以引起爬行兴趣。当他们不愿爬行时，成人可抱着婴儿或将婴儿放在背上，带他们一起爬行去寻找声源，以激起其愉快的情绪。

（4）寻宝游戏：成人可以先把要藏的东西展示给婴儿看，然后在他们的视线范围内慢慢地把东西藏起来，然后问他们，东西哪儿去了，鼓励他们去把东西找出来。也可以把东西先放在手里，然后同时伸出两个拳头，让婴儿去猜东西在哪个拳头里。

（5）开盒子：成人鼓励婴儿将大盒子打开，“宝宝看，那么大的盒子里有什么？快去打开。”成人观察婴儿是否会玩大盒中的玩具或继续去打开盒子，可鼓励婴儿按自己的需要和方式去摆弄盒里的玩具并打开更多不同的盒子，寻找更多玩具，同时引导婴儿把玩具放回去。成人应尊重婴儿允许他们按自己的喜好来摆弄玩具，不要过急地引导。当婴儿不感兴趣时，再选择能使他感兴趣的方法加以引导。

（6）虫儿飞：1. 游戏开始前，妈妈盘腿坐下，婴儿“坐”在妈妈的

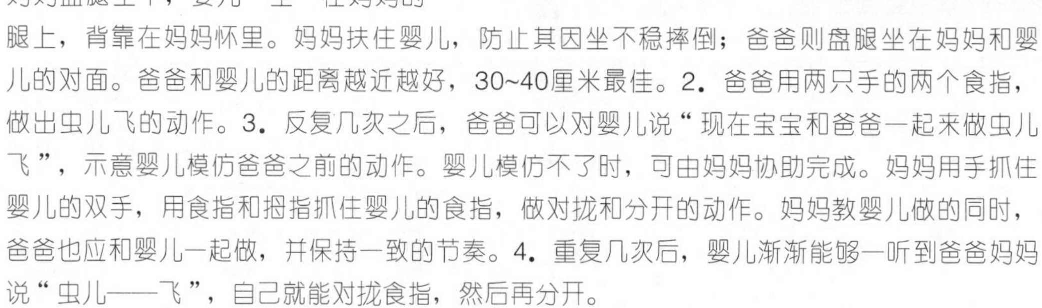

腿上，背靠在妈妈怀里。妈妈扶住婴儿，防止其因坐不稳摔倒；爸爸则盘腿坐在妈妈和婴儿的对面。爸爸和婴儿的距离越近越好，30~40厘米最佳。2. 爸爸用两只手的两个食指，做出虫儿飞的动作。3. 反复几次之后，爸爸可以对婴儿说“现在宝宝和爸爸一起来做虫儿飞”，示意婴儿模仿爸爸之前的动作。婴儿模仿不了时，可由妈妈协助完成。妈妈用手抓住婴儿的双手，用食指和拇指抓住婴儿的食指，做对拢和分开的动作。妈妈教婴儿做的同时，爸爸也应和婴儿一起做，并保持一致的节奏。4. 重复几次后，婴儿渐渐能够一听到爸爸妈妈说“虫儿——飞”，自己就能对拢食指，然后再分开。

（7）抓绳子：成人拿条红色的绳子在婴儿面前晃，让婴儿去抓住绳子。开始不用晃太快，先让婴儿抓到，体验成就感，然后再慢慢加大难度，晃得快一点。

（8）找五官：成人与婴儿面对面坐好，先指着自己的五官告诉他们这是什么；然后用手摸婴儿的五官，并告知他们：“这是宝宝的耳朵，鼻子……”然后问婴儿，妈妈（爸爸）的耳朵在哪里，婴儿的耳朵在哪里。

第二章 1～2岁幼儿的学习与发展

第一节

能力的发展与促进

一 在模仿中学习

案例

最近爸爸妈妈发现小枣经常有节奏地拍着小手，拍完小手拍肚子、拍屁股，嘴里唧唧哼哼地念着什么。看着他认真专注的样子，爸爸妈妈面面相觑：他究竟是在做什么呢？大家很肯定没人教过小枣这些动作。直到有一天，小枣打开了奶奶放在阳台的小音箱，里面响起：“拍拍拍，太极十二拍，拍胸拍背……”小枣马上跟着念并笨手笨脚地做起了动作，大家看到这情景，都不约而同地笑了，原来小枣不知道什么时候看到奶奶早晨锻炼，并偷偷把背景音乐和动作一并学了下来，还自创了几个动作……

分析

模仿，是孩子的天性。模仿和重复他人的行为是1～2岁年龄段孩子的特点，也是其学习技能、发展能力的重要途径。从1岁半开始，我们的孩子就进入了一个高度模仿的阶段，从语言到动作，从举止到装扮。

幼儿通过细致的观察，

用自己的方式将自己所听、所看、所感表现出来，可能惟妙惟肖，可能夸张扭曲，也可能独树一帜。在模仿的过程中，他们加入了自己的理解、创新和个人元素，按照自己的意愿进行重新组合后，来表达自己对这个世界的理解。

父母及其他保育者是幼儿的首要模仿对象，一句话、一个眼神、一个动作，往往都会成为他们的模仿目标。其次，同伴、电视、动画等，只要是足够引起幼儿注意力的、容易激发他们感情的，都是幼儿最直接的模仿对象。

给该阶段幼儿的父母及其他保育者的建议

（1）适当的角色和行为示范对幼儿的成长非常重要，成人应多陪伴幼儿，并引导他们积极观察身边的事物和行为。

（2）注意自己及家人的一言一行，给幼儿树立一个良好的榜样。

（3）慎重地选择电视节目，避免幼儿接触庸俗、暴力、色情的电视画面。

（4）观察幼儿的模仿行为，当幼儿正确模仿正面的言行时，及时给予鼓励和表扬，让他们感受到正确模仿所带来的社会认可和尊重，加强他们细致观察的能力，体验正确模仿的乐趣。

（5）在遭遇不当行为及不良影响时，及时对幼儿进行正确的引导和解释，让他们明白某些不当行为是不可以模仿的。

（6）鼓励幼儿进行过家家、角色扮演等模仿游戏。对孩子在模仿过程中出现的自创和创新的动作和行为，只要是对幼儿和周围人无害的，不必干涉。说不定，未来的表演家和发明家就在你身边。

案例

小枣最近爱上了“干家务”。妈妈择菜的时候他会凑过去，拿起一棵菜翻来覆去地看，还把它放进嘴巴里咬一口，发现味道不对劲又赶紧吐出来。看到爷爷浇花，他会赶紧凑上前抢过花洒，发现姿势不对，花洒不出水时，他专注地来回摆弄。爷爷正要伸手去帮他，他摆摆手说：“小枣自己来，小枣自己来。”结果地上全是水，花盆里的泥土还是干的。

分析

随着幼儿活动能力的持续增强，他们探索的范围也在逐步扩大。他们会继续表现出对小物品的兴趣，继续将他的嘴作为探索工具，但重点会逐渐从探索物品的特性，转移到利用它们练习简单的技能。

你会发现幼儿对家中的物品和外面的新鲜事物产生浓厚的兴趣，喜欢摆弄它们，尝试使用它们。

幼儿大多喜欢帮助妈妈干家务活，他们喜欢扫地、翻衣服，甚至在包饺子的时候，也要掺和掺和。这时如果大人阻止或者干预，他们会表现出明显的抗拒和不耐烦。

幼儿对自己和别人行为产生的结果颇感兴趣，比如他们捡到一个瓶盖，会把它套到不同的瓶子和物品上。如果找到对应的瓶子并成功拧上去，他们会得到极大的满足和成功感。他们积极尝试，通过尝试错误进行探究，找到解决问题的方法，获得自主和自信。

给该阶段幼儿的父母及其他保育者的建议

（1）提供刺激幼儿探究和思考的材料，例如不同的瓶子和瓶盖、末端开口的玩具、大块拼图等，鼓励孩子尝试各种方式使用和玩这类材料。

（2）陪伴孩子走出家门，走进自然，提供更为丰富的探究环境，如玩水、玩沙、捡树叶等。

（3）引导、鼓励幼儿探索行为和行为结果之间的关系，例如：“这是什么物体发出的声音？”“球为什么会滚到桌子底下？”

（4）在安全的前提下，尽量减少对幼儿行为的限制和帮助，让他们自主探索，自己想办法解决问题。

（5）让幼儿做一些安全的、简单的、力所能及的家务，如丢自己的纸尿片，帮家人取东西等。

温馨提示

随着家庭自用小车的普及，越来越多的父母会选择带着宝宝自驾出游，探索外面的世界。我们建议年轻父母注意以下事项：

1. 幼儿的身体状况。如幼儿生病的恢复期、刚刚接受过预防接种，则不宜外出旅游。有流行病暴发的地方不宜选择为目的地。

2. 确认已经安装安全座椅。许多父母在出发前会做好吃、穿、用等充分的物质准备，但往往会忽略安装幼儿专用安全座椅。

3. 做好车辆的保养。

4. 开车途中尽量不给幼儿喂食，避免因车辆晃动导致食物卡在咽喉部。

5. 路途较长时要在指定休息的地方适时休息一下，给幼儿喝水、吃东西、换尿布，车内开窗通风，改善车内空气质量。

案例

小枣的小嘴巴最近常常蹦出一些短句，让妈妈兴奋不已，因为这意味着能和小枣交流对话了。每天下班回到家在吃饭前的这段时间，妈妈都会抱着小枣，问他今天在楼下小区跟哪个小朋友玩，一起玩了什么游戏。妈妈惊喜地发现，每次都能听到一些新的词语，之前给他讲过的故事中出现的一些句子也被派上了用场，例如“排好队，一个接一个”“手拉手，好朋友”等，也会出现在与小枣的对话中。回家与小枣“聊天”，成为妈妈每天最期待的事情。

分析

1～2岁幼儿的语言从牙牙学语扩展到更多的使用可辨别的词和短句。他们常常运用手势、动作和单词共同陈述和表达，他们开始用一个词代表许多具有共同特征的物品，例如他们口中的“圆圆”，可能是指球、圆盘等各种圆形的物品。

18个月～24个月是语言的快速发展期，这个阶段的幼儿学习词汇的速度惊人，平均每天就能学会一个新词汇。幼儿掌握的大多是日常生活中的词汇，他们特别喜欢模仿父母和其他保育者说话的内容和语调。此时的幼儿记忆力和想象力也有所发展，许多幼儿开始能够重复吟唱简短押韵的童谣和古诗。

给该阶段幼儿的父母及其他保育者的建议

（1）与幼儿一起阅读，带着他们朗诵童谣和诗歌，增加其词汇量，并将书上的图片与生活中的事物联系起来。

（2）识别熟悉的物品和图片，口头指认物品——要求幼儿指出熟悉的物品或指着物品图片说出其名称及特征。

（3）持续地在正确的语境里使用“请”“谢谢”等社交词汇。

（4）积极倾听、鼓励、破译幼儿的表达，并使用准确的词汇重复他们的表达。例如：幼儿拉着你的手，指着屋檐下的小猫对你说“喵喵”，你可以回应说：“哦，原来你发现了这里有只小猫，它会喵喵叫……你好，小猫。”

（5）加强亲子间的对话和交流，围绕一个贴近生活的话题，用规范的词汇和句子与幼儿进行对话，重复、延伸幼儿的话或者将幼儿的话补充完整，扩展其词汇和表达。

（6）当幼儿用动作表达需求时，尽管父母及保育者明白，但在安全和适当的条件下，我们建议延迟反应或者提问“宝宝想要/想做什么”，激发幼儿运用语言表达的需求和愿望。

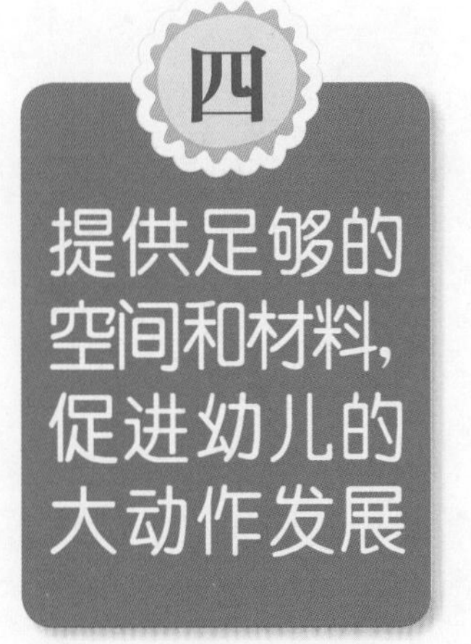

案例

小枣喜欢上楼梯这项运动，把它当做游戏，见到楼梯就要上。一开始还要大人牵着上，没过几天，他就可以自己扶着栏杆上了，下楼梯的时候他有点站不稳。所以，楼下小区的滑梯成为他的最爱，走上去，滑下来，小枣不停地重复，乐此不疲。

分析

随着幼儿活动范围的扩大，一个扩展的世界向他们开启了。

1岁多的幼儿，走路会越来越稳，大人即使不牵着手，他们也能自己一只手扶栏杆上楼梯。但下楼时，幼儿一般还是需要大人的

帮扶，否则不太敢自己往下走。他们还特别喜欢推婴儿车，喜欢拖拉玩具。

到了18个月以后，幼儿的身体获得更多的稳定性和协调性，能够较灵活地向前走，向后走，会双足跳并且越来越擅长踢球，喜欢攀爬一切可以爬上去的东西。他们会找到喜欢的场地或者躲藏的地方，如床底下、桌子下面等。

在大约22个月的时候，他们喜欢推、拉玩具和物品，会将物品扔向目标，而不是随便扔和投掷，虽然准确性仍较差。

给该阶段幼儿的父母及其他保育者的建议

（1）幼儿表现出旺盛精力，成人需要及时清理家中的杂物，把药物、开水壶等危险物品放置在幼儿够不到的地方，对桌角等家中锋利的边角进行防护处理，尽量空出平坦、安全的活动空间。

（2）划定家中限制幼儿入内的区域，如厨房、洗手间。成人出入这些区域应随手关门，并教育幼儿不要独自进入。

(3) 在幼儿下楼梯时，选择有扶手的楼梯或伸出你的手，帮助幼儿维持平衡。此时幼儿的平衡还比较弱，需要成人提供帮助，防止跌伤。

(4) 增加户外活动，选择平坦的空地供幼儿向前跑，向后跑。提供足球等大球类，提供小货车、小推车等能够发出声音、吸引视觉注意的推拉玩具，与幼儿一起游戏。

(5) 提供低矮的攀爬设备、家居、坚硬的纸箱等材料，供幼儿攀爬。

温馨提示

很多幼儿都有摔下床的经历，对于幼儿摔下床后的应对方法，我们有以下建议：

1. 幼儿如果摔到头部，没有出血但有小肿包时，应立即用冷敷的方法处理。

2. 幼儿摔后一段时间，尽量与他们说话、逗逗他们，让他们保持清醒，不要抱着哄幼儿睡觉。如果摔后哭完很快就睡着了，也要在一小时内将其叫醒。如果醒后大哭，意味着暂时没有出现昏睡的问题。

3. 即使摔到头部，也不要总怀疑是脑震荡。脑震荡的特征是会有一定时段的意识和知觉丧失。如果幼儿一直意识正常，则暂时没有问题。

4. 幼儿摔到头部后，应观察两天。这两天内尽量让其多休息，少活动。如果两天内精神一直很好、食欲正常，就可以放心。

5. 幼儿摔下床后，父母的后悔埋怨是无用的，重要的是马上对症处理，并且引以为戒。

一旦幼儿从床上或高处摔下来时，有以下几种情况之一，应立即到医院就医：

1. 头部有出血性外伤；

2. 摔后没有哭，出现意识不够清醒、半昏迷嗜睡的情况；

3. 在摔后两天内，又出现了反复性呕吐、睡眠多、平衡和协调能力异常、精神差或剧烈哭闹；

4. 摔后两天内，出现了鼻部或耳内流血、流水、瞳孔不一等情况；

5. 一般如果摔到头部后引起重度脑震荡或颅内出血，会很快显示出来，或者在受伤24小时慢慢地显示出来。

所以有上述症状要尽快到医院就医。

五 精细动作训练，让小手更加灵巧

案例

小枣的一双小手越发灵活了，他可以把好几块积木搭在一起，喜欢一页一页地翻书。他还会把小手伸进瓶子中掏里面的东西，然后再放回去。妈妈送给小枣一盒油画棒，小枣在白纸上涂涂画画非常开心。只是稍不留心，妈妈就发现家里的白墙变成了“大花脸”，上面留下了小枣的“杰作”……

分析

1～2岁，幼儿的小肌肉得到持续发展

（1）他们增强了对自己手指和手腕的控制能力，能探测物品、拧物品、把它们翻过来倒过去。

（2）他们能够更加自如地松开已经抓住的物品，肌肉控制力的增强让他们能够丢下物品或者扔出物品。

（3）他们的手眼更加协调，取物品、扔物品时也更加准确。他们从一次翻几页书到能够一次翻一页书。

（4）他们从要大人喂食，到能够自己拿着勺子吃饭，能更好地控制杯子。

（5）他们开始能够做丢尿片、取物等一些简单的事情。

这个时期成人如果能够提供丰富的操作材料，鼓励幼儿多进行精细动作训练，你会发现幼儿的小手越来越灵巧。

给该阶段幼儿的父母及其他保育者的建议

（1）提供可进行捡——丢游戏的物品，如小玩具、小桶、盒子等，训练手指肌肉的发展。

（2）给幼儿提供更多自我服务的机会，如丢垃圾，在家长的帮助下学习穿、脱衣服，自己用杯子喝水，学习使用勺子等，以训练小手肌肉。

（3）充分运用饮料瓶、广口瓶等废旧材料，引导幼儿拧、转、旋瓶盖，增强手腕的灵活性。

（4）与幼儿一起阅读，提供书页较硬的书让幼儿自己翻。

（5）提供无毒可水洗的油画棒、颜色笔，提供白纸让幼儿自由涂鸦并引导他们在正确的、允许的位置涂画。

（6）提供小铲子等玩沙工具，带幼儿到沙池里玩沙，他们会非常喜欢。

温馨提示

1岁左右的幼儿常常会本能地把东西往嘴里塞，因误食而就医诊治或住院的不在少数。我们建议：

1. 把家中存在危险的物品放置到幼儿拿不到的地方，如硬币、弹珠、棋子、坚果、葡萄、爆米花、果冻等。

2. 慎重选择幼儿的玩具，玩具上面不能有容易脱落的小零件或者有他们能够啃咬掉的一些皮屑或者小配件等。

3. 外出时关注周围的小物品，关注幼儿的一举一动，防止幼儿误食。

第二节

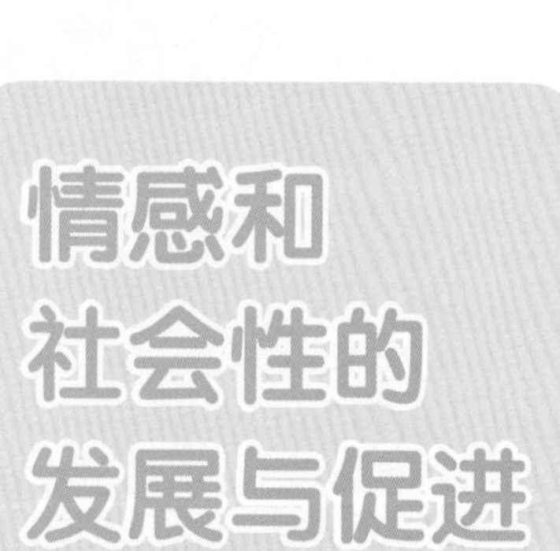

情感和社会性的发展与促进

一 与成人的关系

案例

小枣的世界突然变大了很多。他走、摔倒、跑，撞到物品，蹒跚，但还是坚持不懈地在他的世界里移动。

有一天，一把小椅子被放在和平时不一样的位置上，挡住了小枣的去路，他愤怒地大声哭起来。他发脾气、扔东西，不断地表达消极的情绪。

最近，小枣还添了一个“坏习惯”，就是不断地说“不”。

“小枣，再吃一点饭吧？”“不！”

“小枣，把书放下，应该睡觉了！”“不！”

“小枣，不要再扔玩具了！”“不！”

“不要不要不要不要就不要……”

分析

妈妈对他这个毛病非常烦恼，有的时候恨不得打他几下。妈妈很担心自己的教育方式出现了什么问题，担心家庭的教育没有让小枣形成良好的行为习惯和个性品质，因此变得非常焦虑。

我们想告诉小枣妈妈的是，这是小枣自我意识形成的表现，无须焦虑。该阶段婴儿会：

（1）以“不”和发脾气表达不满意；

（2）借助道具进行情绪表演；

（3）喜欢和成人或大一些的孩子玩。

在很多事情上，1~2岁的幼儿都需要成人的帮助，他们对父母和其他保育者既想寻求依靠，又想寻求独立。成人应该成为他们情感上的支柱，让幼儿觉得安全，并与之建立一种相互信任的关系。

给该阶段幼儿的父母及其他保育者的建议

（1）给幼儿一致性的情绪表达方式，比如高兴时微笑，生气时语气坚决地说“不行”，用一致的情绪表达对待幼儿，有助于帮助他们认识和体验情感。

（2）用积极的情感回应幼儿，比如他们指着一朵花，很激动，成人也应该表现出激动的情绪，并和他们做同样的动作。

（3）积极地表达爱、幽默、疑问、反对等情绪，给幼儿做示范。

（4）提供积木、娃娃等道具，让孩子去表演各种情绪。

（5）鼓励幼儿角色表演，让他们模仿各种情感、动作。

案例

小枣1岁多了，他走路已经完全没有问题了，还喜欢跌跌撞撞地到处跑。因为能自如地走动了，他的手变得闲不下来。他现在最喜爱做的事情，就是把妈妈收拾好的东西从架子上拿出来，扔出去，扔了一地以后，又走过去，拿起地上的东西，再扔出去。每天傍晚，当家人回到家，小枣最爱的游戏就是把全家大小刚换下来的鞋子一只只地扔进门后面的大整理箱里，每天都重复这样的游戏，乐此不疲。

对于自己的玩具也是如此。小枣喜欢把篮子里的积木一块块扔出去，扔得满地都是。妈妈每天跟在小枣后面，母子俩反复重复着扔出去、捡起来、扔出去、捡起来的循环。

妈妈感觉快崩溃了……

分析

此时的幼儿，快要过自己的第二个生日了。他们身上会发生这样的变化：

（1）动作更加稳定和协调，手变得更“自由”，可以轻易完成很多探索，支持他们和周围的世界进行更多的互动。

（2）意识到“自我”，意识到自己与他人是不一样的、是分离的，想像一个独立的社会人一样行动。

（3）对母亲的依赖逐渐减少，开始有独立性。

（4）触摸所有能接触到的东西，探索环境。

（5）扔东西，以证实自己的“存在”会影响周围的世界。

1岁多的幼儿是以自我为中心的，认为他们的身体和玩的东西，都是他们的一部分。“扔东西”是这个阶段自我意识发展的一个典型行为，这是由动作更自由、发现自己的“掌控”能力决定的。他们在扔东西的过程中，感觉到了独立于自我之外存在的“东西”的世界，重复地、不断地验证自己是“独立存在”的个体这样一个事实，越发坚定地意识到“我”的独立性。

这个阶段，幼儿正在经历一个复杂的心理关口，即学习成为一个独立的心理存在。

给该阶段幼儿的父母和其他保育者的建议

（1）理解幼儿此时的心理需要，在规定的范围内包容并允许他们的各种探索行为。

成人可以：

1）给幼儿划定固定的活动范围，在这个范围中，可以按他们的意愿来支配。

2）包容他们因为探索造成的过失，对他们的行为表示认可。

（2）给幼儿创造更多“掌控”的机会，以及更多探索外界的机会，这是一种有效的认知学习。

成人可以：

1）带幼儿到户外活动，允许他们对地上的泥巴、沙土、石头进行探索。幼儿的玩具是大千世界中的所有东西，不一定是父母在商店购买的玩具。

2）允许他们“掌控”不同的对象。探索的行为可以包括搬不同重量的石头、物品；踢走一个落在地上的果实；把一堆树叶集中到一起，再用不同的方式把它们分散开来……

3）探索的动作可以很多，如拿起、放下、踢开、推动、拖动、摇动等。

案例

小枣最近很喜欢到小区花园里玩滑梯。每天下午，都有很多孩子来玩滑梯。有一回，小枣推了楼下的妞妞一下，妞妞大声地哭起来。

小枣觉得很有趣，他又推了其他几个孩子，弄得哭声一片。

妞妞的奶奶说：

“这孩子怎么这么没教养啊！怎么教育的？”

妈妈觉得非常惭愧，连忙道歉，随后抱起小枣就“逃走”了。

分析

在学步儿阶段，幼儿会出现一系列的“负面行为”，比如：

（1）说“不”，大人说一，他们非要说二。

（2）可能出现攻击性行为。

（3）“自私”，不肯分享。

（4）对成人的“教导”置之不理。

如果我们知道幼儿在这个阶段要逐步实现心理上的独立，就不难理解他们为什么会出现这些行为。这些行为有一个共同的特点：在这个阶段，幼儿还不能理解别人的情感，做不到想别人所想，也感觉不到自己做事的方式是否正确，他们只能以自己的观点看待世界，更不可能理解别人行为后面的情绪意义。幼儿更容易在他们与物的关系上感受到自己的独立，而从人与人的关系的角度，他们还需要经历漫长的学习过程。

积极的是，幼儿在要求更多关注的同时，可以接受与他人共享关注。同时，他们开始试着讨好别人，试着寻求赞赏，这是此阶段他们进行社会性学习的一个重要基础。

给该阶段幼儿的父母和其他保育者的建议

（1）理解和认识幼儿各种负面行为的意义，不要对这些负面行为过分焦虑，也不要过于严苛地限制或惩罚他们。

成人需要知道：

1）当幼儿攻击他人时，是因为他们对被攻击者的生气或大哭这种反应产生兴趣，他们也许会再次攻击他人，只是为了再看看这种反应是不是会再次出现。他们也许正试着学习辨别他人的感情，并通过内在移情，反复试验学习结果。

2）在这个年龄段，幼儿基本上不会分享，所以“自私”对于学步儿来说，是一种正常的现象。

3）在2岁以前，幼儿是没有纪律和约束的概念的，只要自己想做就会去做。

4）“说理”不是这个年龄阶段有效的教育方式，幼儿还没办法理解抽象的道理，而是更容易被其他的刺激吸引注意力。

（2）示范诱导，帮助幼儿理解简单的规则。

成人可以：

1）看到幼儿出现负面行为，成人可以用自身的行为进行示范。比如：当幼儿抢小朋友的玩具时，成人可以示范向对方表示道歉，说道歉的话，用肢体语言或表情表达歉意。这里，成人可以通过示范行为和语言来诱导孩子理解简单的规则，同时也是在进行情感表达的示范，让幼儿可以通过认识成人此刻的情绪、表情来理解人际关系。

2）试着用其他的刺激物来吸引幼儿的注意，让幼儿从不当行为中脱离出来。

3）及时警告和提醒幼儿，及时制止他们的不当行为。比如：在抢玩具的时候，不要和幼儿商量“给弟弟玩一下好不好？”也不要和幼儿商量“把玩具还给小姐姐好不好？”如果幼儿坚持要抢玩具，就坚决把玩具拿走或把幼儿抱走。

（3）父母的恰当行为，是这个年龄段幼儿情感发展重要的支持。

成人可以：

1）及时地对幼儿的符合规则的行为表示赞赏，用语言、动作以及相应的情绪表现来表达自己对幼儿行为的认可。当孩子表示愿意分享、可以让妈妈陪其他幼儿一起玩等意愿时，及时地表示赞赏。

2）帮助幼儿建立稳定的生活常规，成人很明确地告诉他们哪些事情可做和哪些不可做，并且在生活中保证成人间要求长期的一致性。这有助于帮助他们主动利用常规，并建立安全感。

3）建议幼儿进行选择，帮助他们认识自己的要求和固执。当他们的要求得不到满足而大哭大闹时，成人可以提供两个可行的选择。比如：孩子非要拿小姐姐的玩具，成人可以告诉他，你可以选择玩滑梯，或者玩你自己的小车；如果孩子还是坚持要小姐姐的玩具时，就重复告诉他，可以选择的是滑梯和小车。这种建议能丰富幼儿解决问题的经验，并能帮助他们认识到自己的固执是没有道理的。

案例

小枣很喜欢邻居阿姨养的小狗，见到它，会高兴得大喊它的名字。他总是很想去摸摸小狗，但一定要阿姨抱着小狗时，他才会伸手去摸小狗的皮毛。

这一天，小狗见到小枣也很高兴，它摇着尾巴扑过来舔了一下小枣的脸。小狗的动作很迅速，大人们和小枣都没来得及反应，小狗就舔上了小枣。小枣吓得大声哭了起来，这以后，他再也不愿意去摸小狗了。

此后，妈妈问小枣：“我们去看小狗好吗？”小枣都会坚决地摇头。

分析

在这个阶段，幼儿会出现：

（1）分离焦虑，不愿意和父母或常常照顾自己的其他保育者分离，分离会导致焦虑不安。

（2）突然产生恐惧感。

（3）害怕不被赞赏或被抛弃。

（4）产生对自己的消极反应。

（5）不愿意生活发生改变。

安全感并不是这个阶段的独特话题，而是持续整个童年期的重要课题。在学步儿的阶段，安全感的主要内容就是在幼儿形成独立心理的过程中，帮助解决那些探索外界的过程中会出现的问题和冲突。安全感和幼儿的依恋息息相关，幼儿在依恋对象对他的积极应答中，形成安全感。在这个阶段，幼儿依恋的特点是交互性，即通过与成人和其他保育者的交往协商，尝试在人际关系中付出或得到回报。

给该阶段幼儿的父母和其他保育者的建议

（1）分辨幼儿的情感，回应幼儿的需要。

成人可以：

1）对幼儿的情感需要给予及时回应，认可他们的情感，并表示理解。

2）倾听幼儿的恐惧，接受它们的真实性。不要试图说服幼儿恐惧是不存在的，而是向他们表示你的关心和安慰。可以试着证明幼儿恐惧的东西是无害的（比如：摸摸小狗玩具的头，证明它并不会伤害人，而不是仅仅告诉他们，小狗玩具是不会咬人的）。如果幼儿不相信，就暂时让他们离开恐惧物。

（2）用积极的反馈，让幼儿发展自我意识。

成人可以：

1）当幼儿对自己产生消极情绪，如生气、沮丧时，告诉幼儿他们是有价值的人，帮助他们建立良好的自我感觉。

2）当幼儿做了负面或消极的事情时，让他们知道：即便如此，成人依然很爱他们。

3）让幼儿经常体验到成功感，对自己感觉舒服。同时，敏感地感觉到幼儿在生活中的挫折，帮助他们恢复对自己的信心。

（3）尊重幼儿的选择，允许他们拒绝、反对、退缩和犹豫。

成人可以：

1）允许幼儿用语言或行为表示拒绝，并向孩子表示，即使拒绝，他们仍然会得到你的爱。

2）当幼儿行为出现犹豫、迟疑或退缩时，给他们时间和空间去观察和等待，让他们自己判断是否要加入活动或与他人互动，不要急于让他们按成人的意愿去行动。

3）认可幼儿的情感，不要试图去操纵他们的情感。

（4）对于即将发生的分离和改变。

成人可以：

1）提前告知分离和改变，说明为什么会出现这些改变，以及改变以后幼儿的生活将会是什么状态。

2）对幼儿的焦虑表示关心和认同。

温馨提示

有部分幼儿会表现出对家里的某种物品情有独钟，也许是布娃娃、也许是小时候的抱被、也许是睡觉的枕头……反正总有那么一样是他们念念不忘的，睡觉的时候一定要抱着，成人把它拿走，幼儿会哭闹不停，心理学上称之为过渡依恋物。固定的依恋物会增加幼儿的安全感，成人切勿强行把它们夺走。如果担心卫生问题，建议买两个一模一样的，轮流换洗。成人给予幼儿足够的关爱和陪伴，随着幼儿逐渐长大，这种习惯多数会自动消失，成人不必过于紧张。

第三节

教养环境的创设

案例

每次从外面回到家，奶奶都会第一时间给小枣的小手涂上泡沫洗手液，抓住他的两只小手来回搓洗，把小枣黑乎乎的小手洗得干干净净。

最近，小枣对于洗手表现出极大的兴趣，不让奶奶插手了。从按洗手液、到双手交叉搓泡泡，再到冲水，全部都要自己来。他试图用手抓住水和泡泡，不让它流走，但总是徒劳，手里的泡泡和水总是越来越少。

一天，小枣发现洗手盆前有个塞子，他把塞子塞住排水口，水和泡泡都静止了，留了下来。这个发现

让小枣兴奋得手舞足蹈，他赶紧把爸爸妈妈、爷爷奶奶都叫过来，向大家展示他发现的“新大陆”。

分析

1～2岁可能是孩子头三年最有趣、最困难、也最激动人心的时期。他们学会了行走，一个更加广阔的世界向他们开启了。他们蹒跚学步、走、跑、摔倒、撞到物品，他们的手脚更加灵活，他们在做中学，触摸周围的一切，把东西放进嘴巴里，他们开始沉迷于探索周围的世界。1～2岁的幼儿，语言能力得到了极大的发展，能够与父母进行简单的交流。他们对小伙伴、小动物也表现出极大的兴趣。丰富优质的教养环境，能够促进幼儿身心健康发展。

探索周围的世界，尝试自己解决问题是1～2岁幼儿的最突出的兴趣点之一。在探索和问题解决的过程中，幼儿获得的远不止某一个具体的知识点，更重要的是因自主选择、主动学习、挑战困难、解决困难等获得自尊自信的快乐体验。岸井勇雄在其《未来的幼儿教育：培育幸福生活的能力之根基》一书中指出，幼儿“做想做的事的快乐”“全力投入活动的快乐”“把做不到变成做得到的快乐”“把不知道变成知道的快乐”“想办法、下功夫、进行创造的快乐”“自己的存在被他人承认时的快乐”等这一系列“原体验”具有不可估量的重要意义。对于幼儿来说，在活动过程中获得的快乐体验和成就感，将成为他们今后学习与发展的强大推动力。

探索的空间和内容就存在于我们的周边，随着幼儿活动能力的增强，家里有限的空间已不能满足他们的需求。成人常常会说，1～2岁的幼儿在家是“待不住”的。成人可以带着幼儿走出家门，到户外的滑梯、攀爬架等游戏区域活动，也可以走进自然，观察和探究蜗牛、植物、岩石、影子等自然事物和一系列的自然现象，以获得日常生活中的知识。我们鼓励幼儿在安全的前提下多尝试，品味不同水果的味道、观察月亮的圆缺……通过观察和探索拓展感知，增长经验。这是一个“缓慢”、需要花费成人大量的陪伴时间，但却意义重大的过程。在这个过程中，幼儿掌握了观察、交流、比较等探究方法，促进了大动作的发展，建构了自己对于世界的认识和理解，形成他自己的知识经验网络。

在1～2岁期间，幼儿从会说简单的几个词过渡到会说完整的句子，不断给爸爸妈妈们带来惊喜。丰富的语言环境，有助于锻炼幼儿的语言能力。除了日常家庭成员之间的语言互动，我们建议还可以从以下5个方面，由易到难，逐步发展幼儿的语言能力。

1．看图说话和睡前故事。

成人可以准备一些图片与图画(画有小动物)，展示给幼儿看。在展示过程中，需要反复模仿动物的叫声，引起他们模仿的兴趣。为了提高效果，成人还可以将动物的动作加进去。在幼儿练习一段时间后，就可以把图片放在他们面前，然后模仿动物的声音、动作，让他们辨认。看图说话能够培养幼儿对事物的理解、分析和模仿能力，能够激发他们对于声音模仿的兴趣。有许多成人都会在幼儿睡觉前讲故事，如果故事足够生动有趣，那么对幼儿的帮助将会很大。如果成人在故事的选择和讲述上有困难，一些口碑较好的讲故事的微信公众号可以为大家提供一些参考。

2．练习说和做。

练习说、做能够锻炼幼儿听指令做动作的能力，强化他们对声音的理解力。当幼儿掌握了简单的句子时，成人就可以尝试“练习说、做”。比如回到家里后，可以对他说“小枣，去把妈妈的拖鞋拿过来”；或是在家里时对他说“小枣，把积木拿出来，妈妈和你一起玩吧”等。

3．指认部位。

指认身体部位可以提高幼儿对语言的兴趣和语言理解力。成人可以与幼儿面对面坐好，让他看着自己，并随便地说出身体的一个部位，让他指认出来。例如：妈妈说“鼻子”，那么幼儿会用手指向你的鼻子，或是要求他指认自己的身体部位。

4．情景再现。

情景再现有利于幼儿对于语言表达能力的掌握和对于事物记忆力的深化。例如：爸爸回到家，可以问问小枣“今天小枣去哪里玩了？跟哪个小朋友一起玩了？”；妈妈上周带小枣去了动物园，那么这周可以故地重游，在经过相同的地方时向他提出问题，“这里是哪里？小枣还记得吗？”“小枣看到了什么动物？”

5. 扩词成句。

当幼儿和你主动说话或寻求帮助时，你可以借机帮助他“扩词成句”。比如：幼儿指着杯子对你说渴，你可以说：“小枣的意思是不是想说‘我要喝水。’”当然，孩子不可能一次就学会，成人只要有足够的耐心，孩子的语言能力会突飞猛进。需要注意的是，场景的选择不能够太陌生，最好选择每天都在发生的熟悉事物。

1. 球类：通过观察1～2岁幼儿的玩具和其他材料的使用情况，我们发现球的使用频率最高。幼儿似乎天生就对“球”感兴趣，大小不一、各种材质的球可以带给幼儿不同的感官刺激。

爸爸妈妈可以准备大小各异的几个球，如乒乓球、按摩球（室内）、足球、篮球（户外）等以满足不同活动场地的需求，可以坐在地板上，腿伸展开，与幼儿来回滚球；可以在澡盆里放些按摩球，给他们一个小“网兜”，让他们边洗边捞，成人也可以用按摩球在幼儿身上滚动按摩；可以在户外找个空旷平整的场地，一起玩踢球、抛球、接球等游戏。

2．车：在学步儿阶段，成人可以通过儿歌或玩具激发幼儿学走的兴趣和欲望。1岁半以后，扭扭车及其他结实的四轮玩具将会成为幼儿的至爱，他们可以坐在上面四处活动，小腿肌肉和身体协调能力也能得到一定的锻炼。本阶段仍有一部分家长和看护人为了方便照看，把幼儿绑在推车上，久而久之幼儿也习惯了坐在车上。这种做法限制了幼儿的活动，不建议采取。

3．水和沙：玩水、玩沙对本阶段的幼儿具有极大的吸引力，对比很多其他玩具，水和沙有无限多种玩法，幼儿对水和沙的兴趣似乎更加持久。但成人要注意做好安全工作，注意防止溺水或者水中毒。

4．拼图：稍有难度但幼儿又能完成的拼图是1～2岁幼儿非常好的玩具，拼图不仅适合本阶段幼儿的发展，而且有助于强化幼儿问题解决的自豪感。拼图类玩具能够让成人在忙碌之余得到片刻的休息，价格低而且方便携带。我们推荐从易到难，从简单到复杂地开展拼图游戏。本阶段幼儿能够成功完成的第一类拼图是一块挖有圆形孔洞的板，他们把一块有突起的圆形拼图放入孔洞中；之后成人可以逐步增加形状的数量，比如增加三角形、正方形……到了18～19个月的时候，成人可以逐步增加孔洞的数量，尝试2个孔洞的拼图、3个孔洞的拼图……

5．各类来自生活的材料：很多成人会发现，许多有助于幼儿发展而且幼儿又喜欢的玩

具，都来自生活中随手可得的一些材料。例如：各种空纸皮箱，幼儿喜欢坐在里面玩玩具，涂涂画画；各种瓶瓶罐罐、甚至厨房中的锅碗瓢盆等，都是幼儿喜欢的材料。

值得注意的是，这个时期的幼儿仍喜欢用嘴巴探索，成人必须要小心那些存在危险的物品，如小得能够吞下的东西，弹球、棋子和任何直径小于4厘米的物品；食物碎块和玩具的小部件也容易引起窒息；尖锐、锋利的可能会划伤幼儿的物品，如锋利的纸张边缘、牙签等；以及能够作为危险投掷的小而重的物品，如高尔夫球、铁质小物件等，都存在安全隐患，对于玩具和材料的甄选，成人需要特别留心。

四 稳定温馨的关系

1～2岁的幼儿。随着他们自主意识的增强，成人可能会觉得他们的脾气变差了。其实当幼儿发脾气的时候，他们通常是在寻求关注。稳定和谐的亲子关系能够帮助他们减少情绪问题，增进亲子间的情感。

给该阶段幼儿的父母和其他保育者的建议

（1）接受与理解：尝试理解孩子，允许、接受孩子的一些退缩、拒绝和攻击行为，逐渐建立一些初步的家庭规则，如不可以单独进入厨房、晚上九点上床睡觉等。

（2）陪伴与关注：尽量不假手他人，父母与孩子的互动是其他人不可替代的，爸爸妈妈有效的陪伴、关注与回应，能够帮助幼儿建立安全感，促进其良好个性品质的形成。需要特别强调的是，有效陪伴并非单纯的陪同，许多家长陪在幼儿身边，但却自顾自玩手机、玩游戏，这类陪伴容易造成相反的结果。

（3）扩展幼儿的其他社会关系：鼓励幼儿与其他人互动，当他们遇到新朋友时，成人要在场并提供支持。幼儿从1～2岁开始，会越来越多地出现与同龄伙伴之间的互动，创设同伴交往的机会和环境，有利于幼儿社会性的发展。

第四节

适合1～2岁幼儿的综合性游戏

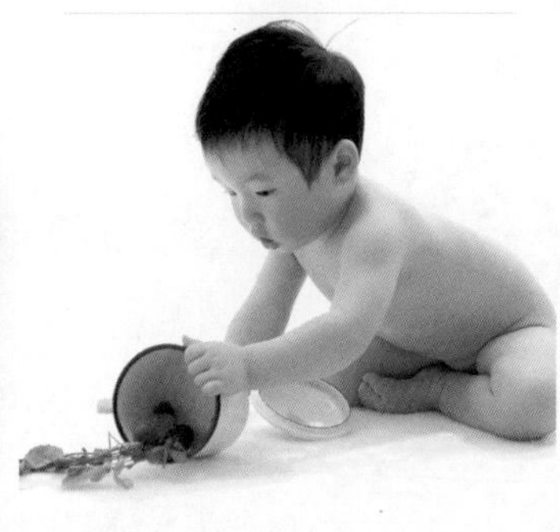

案例

小枣最近很喜欢向着厨房张望，观察奶奶煮饭的一举一动。

妈妈想起之前小枣1岁生日的时候，小姨送给小枣一套过家家的玩具。当时小枣还不会玩，玩具很快就被束之高阁，妈妈这次又把它重新洗干净拿出来。这不，小枣学着奶奶的样子，又炒菜又煮饭的，玩得有模有样。

分析

细心的成人可能会发现，幼儿喜欢的游戏是有阶段性的，并且1岁以后，幼儿对游戏和玩具开始表现出不同的喜好。有些玩具买回来之后，幼儿当时可能不会玩，但是过一段时间又能玩得非常好。有的游戏幼儿当时没有兴趣，过一段时间重新再玩的时候，他们又会出乎意料地投入；有的游戏同龄的孩子很喜欢玩，但是自己的孩子可能不屑一顾。

俗话说，适合的才是最好的。适合1～2岁阶段幼儿的游戏有很多，哪些是最适合他们发展的，需要成人与幼儿不断地互动、摸索和分享。下面仅推荐具有代表性的几类游戏，以供参考。

适合该阶段幼儿玩的综合性游戏

（1）动作类游戏。

1）打气球：妈妈用手吊起一个气球，高度随时调节，让幼儿伸手跳起拍击；也可抛给他们，让他们用脚踢。用儿歌鼓励：“打球、踢球，宝宝，玩球！”

2）来回滚球：准备一个小皮球。妈妈和幼儿面对面坐好，两腿岔开。妈妈把皮球滚给他们，幼儿再把皮球滚回给妈妈。反复玩。

3）运输车：准备一个手推车（也可以用大的纸箱代替）和一些玩具。把玩具放在小推车里，幼儿扶着推车走。妈妈可以设计一些情景，增加游戏乐趣。比如在地上画个小房子当小狗的家，对他们说：“宝宝快来，请把玩具送到小狗家吧。”

4）身体模仿操：妈妈一边念童谣，一边做动作，教幼儿模仿。比如：“我有小手，拍、拍、拍；我有小脚，踏、踏、踏；我有小脑袋，点、点、点；我有小屁股，扭、扭、扭。”

5）跳台阶：在户外玩的时候，看到低矮的台阶，可以拉着幼儿的小手，教他们站在最后那个台阶上往下跳。在家里，可以用高度、硬度适宜的枕头搭一个台阶，在周围铺好被子，让他们站在枕头上往下跳。

（2）语言类游戏。

1）打电话：准备一个玩具电话或将家里的电话消毒清洁干净，鼓励幼儿玩玩、看看，爸爸妈妈可以用自己的手机与幼儿进行打电话的角色扮演游戏，还可以鼓励他们给爷爷奶奶、外公外婆等打电话。对月龄较大的幼儿，交流内容可以更丰富些。

2）诗歌游戏：爸爸妈妈可以选择《春晓》《登鹳雀楼》等一类的朗朗上口的、简单的古诗，借助图片和动画帮助幼儿了解古诗的大概内容，然后与他们一起给古诗配上简单的动作。

3）看图说动作：爸爸妈妈做刷牙、洗脸的动作，让幼儿猜，并给出完整的表述：“妈妈在洗脸/在刷牙。”给幼儿看画有小朋友洗脸、刷牙、穿衣服的图片，请孩子描述：“图片里面的宝宝在干什么？”

（3）认知与思维类游戏。

1）粘贴纸：爸爸妈妈可以适当购买贴纸书，与幼儿一起按贴纸书上的主题玩贴纸游戏；可以把花花绿绿的粘纸，根据要求贴到妈妈的鼻子上、后背上或鞋子上；也可贴到幼儿自己的肚子上、脸蛋上……还可以叫他贴到椅子上、沙发上或杯子上……

2）叠叠乐：准备一个套筒玩具，也可以用大小不等的纸杯、盒子代替，让幼儿随意地玩。在玩的过程中，幼儿会发现物品的大小关系。

3）探究桶：准备几个空的饼干桶，里面放入不同材质的物品，如塑料衣服夹子、石头、包装纸等，盖上盖子。让幼儿摇动，倾听小桶发出的声音，猜猜桶里面装的是什么。鼓励幼儿打开盖子，看看里面是什么，再盖上盖子继续猜。

4）图形配对：将小猫小狗等动物图片从中间剪开，一分为二，让幼儿拼合，可以根据他们的完成情况逐步加大难度，一分为三或者一分为四。

（4）艺术类游戏。

1）敲敲打打跳起来： 准备手摇铃、鼓、木琴等小乐器，选择几段节奏欢快的音乐，爸爸妈妈带着幼儿一起敲打小乐器，为音乐伴奏；也可以伴随着音乐声，拉着幼儿的手一起踏步转圈等，培养幼儿对音乐的感受力。

2）许多小鱼游来了： 妈妈与幼儿一起做小鱼，一边双手合十模仿小鱼游的动作，一边唱歌：“许多小鱼游来了，游来了，游来了，许多小鱼游来了，快快抓住它。”当唱到“快快抓住它”的时候，爸爸做渔夫抓小鱼的动作。

3）揉豆豆： 准备橡皮泥若干，爸爸妈妈边揉边说：“宝宝看，妈妈/爸爸揉出一个豆豆，豆豆真好玩，宝宝也揉一个好不好？”爸爸妈妈还可以引导幼儿逐步掌握捏、搓等方法。

4）好玩的泡泡： 爸爸妈妈可以带幼儿到户外玩吹泡泡游戏，引导幼儿观察泡泡的形状，回到家后跟他们一起用棉签等圆形工具蘸上颜料在大白纸上点画。

二 适合与爸爸一起玩的游戏

案例

当了一年多的爸爸，小枣爸爸越来越有感觉了。让爸爸特别欣喜的是，小枣不再那么黏妈妈了，他开始主动找爸爸玩了。爸爸的脚步声刚刚在门口响起，小家伙的脸上就露出了期盼的神情。当爸爸跨进家门的那一刻，小枣就会迫不及待地朝着爸爸冲过去，抓住爸爸的裤腿不放。小枣的这些表现常常让爸爸激动得不得了，还有什么理由不陪他玩呢？

分析

父亲在幼儿成长过程中扮演着极为重要的角色，他们勇敢、刚毅、独立、充满力量、敢于冒险的男性特质，是母爱的配合与补充，对幼儿的成长产生积极的影响。

我们鼓励爸爸们参与到育儿中来。不过对于许多爸爸而言，和幼儿玩什么、怎么陪他们玩是个很大的问题。在此特别推荐适合爸爸与孩子一起参与的游戏，供爸爸们参考。

（1）荡秋千：爸爸双手从背后搂住幼儿，将他们托起来，有节奏地前后摇晃，就像荡秋千一样，一边摇晃，一边教幼儿数着，一下，两下，三下……

幼儿会觉得爸爸的手好有力啊，感觉就要飞起来了！玩这个游戏需要确保幼儿口中没有食物，同时动作幅度不宜过大。

（2）拦路虎：幼儿走路的时候，爸爸故意挡住道，不让他们走过去。幼儿不仅不会生气，而且还会很开心，并想办法绕过爸爸。这时，爸爸可以把他们逮住，抱一会儿，然后再放行。当然，爸爸偶尔也要“拦截失败”一次，让他们有成就感。

（3）跷跷板：爸爸坐在床上或椅子上，两腿向前伸直。妈妈顺势将幼儿放在爸爸的腿上，让他们的脸朝前。爸爸将双腿抬起成跷跷板的样子，抬着幼儿做一上一下的运动。

（4）坐飞机：爸爸蹲下身子，妈妈帮助幼儿骑到爸爸的肩膀上。爸爸抓住幼儿的双手说：“飞机就要起飞了，宝宝坐好喽。”然后慢慢站起来，在地上转圈，说：“飞机降落了，宝宝下来吧。”妈妈帮助幼儿从爸爸的肩膀上下来。如果幼儿高兴，就重复玩几次。

（5）骑大马：爸爸趴在地上，双膝着地当大马，让幼儿骑在背上，驮着他在地上来回移动。

温馨提示

开始时，爸爸的动作幅度不要太大，要轻柔些。等幼儿适应后，再加大幅度。还要随时注意幼儿的安全，防止他们从侧边滑下来。

（6）爬爸爸山：爸爸在沙发上坐好，让幼儿往你的身上爬。可以边玩边这样说：从山脚(爸爸的脚)往上爬，爬到半山腰(爸爸的腰部)了，爬到山顶(爸爸的肩膀)了……然后爸爸将幼儿举起来，转个圈，放下。如果幼儿喜欢，就继续玩。

（7）开火车：幼儿从后面抓住爸爸的衣角，爸爸当火车头，幼儿当车厢，从这屋"开"到那屋，一边走一边模仿火车的声音。中间可以停下来，报一下站名，如北京站到了，上海站到了等。停留一小会儿，再接着开。一直玩到幼儿尽兴为止。

（8）戳报纸：爸爸看报纸的时候，如果幼儿正想过来玩，不妨就教他们用手指去戳报纸。开始时可能只是无意识的动作，但是当发现这也可以成为好玩的游戏时，他们会开心地

玩起来。如果爸爸不想让新买的报纸被弄坏，就拿看过的旧报纸让他们戳着玩吧。

（9）雨中曲：下小雨时，带幼儿来到小区的绿地或楼下的院子，让他们看看雨点打到伞上的样子、在地面上溅起的小水花。等雨停后让幼儿在小水坑里踩一踩，把花草树叶上的雨水撸起来，再挖条小水渠让积水排到阴沟里去。注意，幼儿生病时不要玩这个游戏，以免着凉加重病情。自然界的变化是很有意思的，从小让幼儿增加这方面的体验对他们的知识积累、审美情趣的形成、胆量的培养都是很有帮助的。雨后空气清新，人的心情也会变得轻松起来。

（10）大转轮：在没有阻碍的较大场地里，爸爸和幼儿面对面站好，爸爸的双手拉住幼儿的双手。爸爸说："一、二、三！"把幼儿提起来，一边说："大转轮转起来"，一边以自己为中心转圈。左转之后再右转，防止宝宝眩晕。如果转累了，在幼儿主动的情况下，不妨用力提着幼儿小幅度地左右摇摆。相信孩子也会觉得很有趣。

（11）捉影子：在天气晴好的时候，在较大的空地上，让幼儿找到自己的影子，再让他转身，向四周走动或跑动，看看影子发生了什么变化。让幼儿不停地重复追影子——摆脱影子。如果多人玩"捉影子"游戏时，让捉影子的人想办法踩到另一个人的影子。这样，被踩到影子的人就又成了下一个捉影子的人。

温馨提示

很多爸爸因为工作忙，常常没有时间陪幼儿玩。我们建议爸爸们利用上班之前、下班之后的零星时间，陪幼儿玩上几分钟，或者背一背、抱一抱、逗一逗幼儿，这也是一种很好的游戏方式。最重要的是，不要把陪幼儿玩当成一种负担，而是当作一种工作之余的放松和生活乐趣。愿所有的爸爸都能放松心情，投入地和他们玩耍。

第三章 2～3岁幼儿的学习与发展

第一节

能力的发展与促进

案例

2岁的时候，妈妈给小枣买了一辆小三轮车，红色的车身，蓝色的座椅，非常神气。小枣太喜欢这辆小三轮车了，他在家里骑着它，横冲直撞，好几次撞到了沙发、桌子，有一次，还差点把爷爷撞倒了。

爸爸气得要把小三轮车收起来。小枣委屈地看着爸爸，眼泪在眼眶里打转。

爸爸心软了，只好蹲下来跟小枣说："你看，骑着三轮车到处撞，多危险啊！以后要小心，知道了吗？"

小枣破涕为笑，骑上三轮车，飞快地朝沙发撞过去。

分析

2～3岁的幼儿，身体变得更加协调，平衡能力也得到了很大的发展，能轻松地完成很多动作，对身体的掌控能力更强了。这个时候，幼儿需要获得更多的、复杂的、操控身体的技能，平衡、攀爬、跳跃、扔及各种玩球的动作等，都依赖于成人给他们提供更好的条件、更多的帮助。大动作的发展并不是单一的某个动作技能的发展，成人要提供给幼儿各种技能的练习机会，更要允许他们在不同的情境下，用不同的方式来使用这些技能，来完成他们心中希望做到的各种行动。2～3岁幼儿大动作发展的特点：

该阶段幼儿大动作发展的特点

（1）轻松地弯腰、站立、走、跑。很自如地捡起物品、丢下物品。踢和扔物品也比以往更准确。

（2）骑三轮车、骑旋转木马、坐摇摇船。因为这些用来骑乘的玩具能让他们获得很丰富的身体感知经验，并帮助他们处理更为复杂的动作组合，学会身体的平衡与协调，所以他们

很喜欢。

（3）频繁攀爬及跳跃。

（4）单脚站立几秒钟，并维持自己身体的平衡。

（5）走平衡木，并保持身体的协调和平衡。

给该阶段幼儿的父母和其他保育者的建议

（1）保证幼儿每天的大动作练习的时间和空间。

每天的户外活动是必不可少的，如果是雨天，成人也应该提供让幼儿进行大肌肉活动的空间。

（2）成人要理解幼儿进行身体活动的需要。

幼儿对于每天逐渐丰富的各种动作经验非常兴奋，他们有强烈地去尝试和发现新的身体经验的兴趣，感觉自己身体中这些神奇的变化。同时，这些需要如果得到满足，有助于产生心理上的满足感，幼儿因此变得自信。所以，成人应该为幼儿提供安全的、自由的活动空间，而不是在他们因为运动发生了各种不当行为时，反复跟在身后警告、惩罚、阻止等。

（3）相应的安全措施是必不可少的。

这个时期幼儿的活动能力超乎成人想象，限制他们的活动是不恰当的，但是成人必须预见到活动中可能存在的危险因素。比如：

1）攀爬的对象高度合适，不应该太高，低矮的对象更适合年幼的学步儿。

2）在平整空旷的空间里进行跳跃，高度大概是两到三个台阶为宜。跳下来的空间里不要摆其他物品，以免幼儿在不能控制好肌肉的时候被其他物品碰撞导致伤害。

3）玩三轮车应该在空间较为宽阔、人少的场地上进行。这个时期，幼儿很难意识到自己的行为会给周围的人带来什么麻烦，成人需要特别留意这个可能。

4）许多大肌肉活动需要成人专注陪伴，时刻注意观察幼儿的状况，避免发生意外。

（4）要理解幼儿的大动作是在生活中通过运用身体技能发展起来的，而不是一种技能孤立地训练出来的。

所以，成人要善于利用生活化的情境和机会，让幼儿获得更加丰富的运用各种动作技能的机会，让他们获得各种控制身体、物体的机会，并在运用过程中发现和掌握新技能，这才是最有智慧的一种学习支持。

成人可以：

1）利用各种机会设置游戏的情境让幼儿进行学习。比如把手里的一大团东西（也可以是任何有重量的东西）扔到指定的任意地点（如洗澡盆里）。

2）在户外活动时，利用地上已经有的标志线练习走，发展平衡能力。

3）在公园休息的时候，和幼儿玩扔球和接球的游戏，可以不断加大距离。

4）倒在地上的树干，也可以试着爬上去，走几步看看。

5）增强活动的趣味性，比如：配合歌曲来做各种练习。

案例

小枣一直偏爱玩车，妈妈为他买的穿珠玩具，他一点儿都不爱玩。

有一天，爸爸妈妈在小枣面前玩穿珠玩具，爸爸对妈妈说：“我们比赛，看谁穿得好！”

妈妈认真地点头，说：“好！开始！”

小枣在旁边饶有兴趣地看爸爸妈妈比赛，看到爸爸落后了，还热心地鼓励：“爸爸加油！”

一轮比赛过后，爸爸输了。爸爸认真地说：“再比一次！”

小枣说：“我也要来！我也要来！”

于是，爸爸妈妈和小枣一起来参加比赛，意外的是，小枣竟然得了第一！

从那天起，小枣也爱上了穿珠子的游戏。

分析

精细动作也称为小肌肉动作，其发展与幼儿大脑的发展有很大的关联。因为控制精细动作需要更多的脑细胞参与对动作的控制，同时也就有效地促进了脑神经元的联结数量和反应速度，进而促进大脑的发展。所以，学者们一直认为，精细动作和幼儿的认知发展、思维发展有着非常密切的关系，精细动作的发展也一直被作为幼儿智力发展的一个重要指标。

2～3岁的幼儿精细动作发展的特点

（1）他们能把积木搭建到一定高度，或者用积木模仿搭建一些简单的形状，如用三块积木搭门楼、桥等。

（2）他们控制蜡笔的能力也得到了提高，能画出闭合的曲线，或者较直的直线。

（3）他们能在1分钟内，成功穿上数颗直径在1～2厘米的珠子。

（4）在3岁前，他们还能学会对折、模仿简单的折叠动作等。

（5）能使用剪刀、勺子等生活中的工具，甚至还可以通过练习，学习用筷子夹东西。

（6）会玩各种嵌套玩具，拼图等。

（7）学会扣纽扣、系鞋带等生活技能。

成人要理解，随着年龄增长，幼儿的学习更为整合化、复杂化，幼儿运用小肌肉的过程，同时也是思维训练、认知学习的过程。所以，多进行小肌肉活动，是这个年龄幼儿很重要的发展任务，成人要非常重视，利用生活中的一切机会，锻炼幼儿的小手。

给该阶段幼儿的父母和其他保育者的建议

（1）在家庭生活中，让幼儿经常进行手眼协调的抓和放、投等活动。要经常让幼儿帮助成人拿各种东西，这些东西不仅仅是玩具，更有可能是家庭生活中的各种物品。让他们在各种不同力度、灵活程度的抓握中，获得高水平的控制小手的能力。这些生活中真实的活动，可以让幼儿觉得自己很能干，小手很有用，从而获得更多的信心。

（2）耐心地让幼儿学习各种生活技能，如自己穿脱衣服、扣扣子、穿鞋子等。有机会的话，就给幼儿一些时间，让他们慢慢扣好自己的扣子、扣好鞋扣等。成人不要流露出着急、不耐烦的情绪，要真诚地为幼儿取得的成功表示赞赏。家务里的一些小动作，比如挂上窗帘钩子、扣上门锁、帮妈妈扣上包包的搭扣、拉拉链等，也可以尽可能根据幼儿的实际水平鼓励他们去做。一方面幼儿能获得丰富的手部控制经验，训练灵活性，另一方面，幼儿能有效地建立自信。

（3）多玩串珠子、编绳子之类的游戏。在户外活动的时候，可以捡一些树叶，用树枝串起来，或者用细绳子穿起来。这些活动，都有赖于成人的耐心陪伴和游戏中的支持。

（4）绘画和涂写也是这个时期幼儿非常喜欢的活动。涂写活动并不仅仅是用蜡笔，2～3岁幼儿的小肌肉还没有充分发展，不能长时间进行握笔涂写。一些玩颜色、用手掌来涂抹等活动更适合这个年龄的幼儿。但相当多的家长认为，这些活动脏乱且没有成果，不愿意让幼儿获得自由的探索表达，这些想法实际上是成人的偏见。成人可以把颜料带到户外，让幼儿在石头上涂抹各种颜料，并将石头摆成他们认为漂亮的造型。

（5）玩胶泥、揉泥巴也是适合幼儿锻炼手部肌肉的活动。如果没有条件给他们用陶泥、胶泥进行塑造活动，可以带他们在户外玩泥巴，用泥巴、石头、树枝、树叶等来进行户外的塑造活动，这也是发展幼儿想象力的很好的方法。

案例

小枣在2岁到2岁半的这个时期内，呈现出一个词语快速增长的状态。爸爸妈妈发现，几乎每天他都能说出一些新的词汇，简直让人惊喜！

小枣还对词汇和语句表现出特别的敏感性，他听到一个新的词，会咯咯笑着反复重复，好像那是一个特别有趣的东西一样。

爸爸知道，小枣是进入了语言的敏感期。

分析

语言发展是幼儿智能发展的一个重要标志，通过幼儿语言发展的状况，我们往往可以评估其认知水平、思维发展水平。语言对于幼儿来说，不仅仅像成人那样，是一种交流的工具。在3岁以前，语言也是帮助幼儿整合其学习经验的重要工具，更重要的是，成人可以通过观察幼儿的语言，来判断他们的学习过程、风格、兴趣和爱好，由此给他们更加恰当的指导。词汇的丰富本身就是知识经验的丰富，每一个新的词汇，都代表了幼儿对周围世界的一种新的认知，代表一种物品或者一种行为。由于有了词汇这种比表象更为抽象概括的工具，幼儿的思想也就有了更大的可能性。

2 ~ 3 岁幼儿语言发展的特点与建议

成人给予有效的语言学习支持，是促进幼儿语言发展的重要条件。但这种支持依赖于成人对幼儿语言发展的了解。

（1）这个时期，幼儿是通过听觉和视觉的方式来进行学习的，词汇的快速增长、句式经验积累，有赖于常常听到各种语言类的声音刺激及语言和视觉经验的结合。也就是说，幼儿需要在听到一个物品的名称时，同时看到这个物品，听觉与视觉经验的结合，更有助于幼儿快速积累词汇。

给该阶段幼儿的父母和其他保育者的建议

提供丰富的语音和视觉的刺激。这个丰富的语音和视觉环境并不一定是说成人刻意布置的一个学习环境。实际上，对于幼儿而言，大千世界本身就包罗万象，每一个对象都是新的学习内容，也许每天会看到旧的物品新的一面，这些源自幼儿生活的经验，本身就是语言学习的丰富素材。

重视幼儿的表达欲望。有的时候，幼儿只是表现出想表达某个想法的愿望，但并不一定能找到合适的方式进行表达。成人对于这些机会要特别留意，特别耐心地给他空间，让他用自己的方式进行表达。成人的宽容，会给幼儿更多说话的信心。

成人提供良好的、准确的示范。成人是幼儿学习语言的最重要的老师，良好的语言示范要在具体的语言情境中进行。比如：幼儿指着某个对象，无法表达清楚时，成人可以示范“你是想说×××吗？”成人的示范还包括成人自己表现出来的一种对周围环境中事物的表达热情，比如：散步或游玩时，主动地向幼儿介绍树木、花草等，让他们关于事物、关于词汇、关于语言的经验整合在一起，提高其学习的效率。

（2）这个时期，幼儿的语言从简单的单词句向更复杂的形式发展，比如：空间词汇进入了幼儿的语言，有时还会是多个空间词汇的同时运用。句子的结构也更为复杂，从简单的一个词、两个词组成的句子，发展成更长的句子。句子中有关命名、行动、属性、所有权甚至否定的意义纷纷出现，幼儿进一步熟悉句子中各个词汇的顺序。

给该阶段幼儿的父母和其他保育者的建议

1）注意倾听幼儿的话，帮助他们学习更准确的语言表达方式。包括：正确的时间词汇，如早上、晚上、昨天、明天、吃饭时候等。正确的数量词汇，如一些、没有了、更多、更少等。

2）理解和接受幼儿自己创造的分类方式，帮助他们扩展分类。比如：幼儿对小狗的理解只有几只常见的狗，帮助他们把新的小狗加入原来的“小狗”分类。分类是这个阶段思维发展的一个重要标志，帮助幼儿形成类的概念，也是这个时期一项重要的学习内容。如果幼儿还不能形成稳定的物品的分类，可以用语言来帮助他们强化这一认知。

3）关注幼儿的表达，努力理解他们想表达的意思。仔细的倾听能让幼儿感觉到自己语言的力量，增加表达的积极性。另外，仔细的倾听还能让成人知道怎样回应幼儿，通过重复、提问等方法，搞清楚幼儿想表达的意思，并给出语言示范。

4）常常结合行为来帮助幼儿使用空间词汇或者时间词汇。

（3）幼儿对于复杂的语言技巧的学习，依赖于在各种情境中使用语言进行与他人的交流。因为使用语言的情境非常复杂，幼儿得以积累不同的语言交流的范式，应用词汇和句子的经验，使其语言表达能力有所提高。

给该阶段幼儿的父母和其他保育者的建议

1）把语言的学习与行为联系在一起进行学习，特别是对一些较为抽象的词汇，如空间词汇。成人可以在和幼儿玩的时候说“我把你抱到滑梯上”“我把你放到地上”等，这比单纯进行方位词的学习更有效。更重要的是，在语境中，幼儿获得的是一种可以组合变化的复杂的应用模式，更为灵活可变。在语言中加入时间词汇，时间也是儿童难以理解的抽象词汇，成人可以结合行为说这些词，比如：我们现在洗手吧，很快就会轮到我们了等。

2）结合生活中的各种机会，让幼儿尝试把他们原有的词汇联合起来使用，让句子更复杂。如幼儿说：“杯杯、水水”，成人可以进行复杂的句子的示范：“宝宝是要用杯子喝牛奶对吗？”这种示范和练习能让幼儿超越婴儿语的阶段，逐步使用规范的语言。同理，随着年龄增长，幼儿说出的句子会越来越复杂，成人在这个发展过程中，要坚持做出良好的示范和榜样。在2～3岁期间，成人要越来越多地使用标准语言，而不是使用模仿幼儿的婴儿语。

3）特别是在这一年的下半个阶段，当幼儿说出词汇或句子时，回复和重复幼儿说的内容，并帮他们改造、扩展句子，让他们拥有更为丰富、复杂的语言经验，有机会应对更加复杂、多变的语言情境。

（4）幼儿语言学习的另一种方式是韵律学习，他们对押韵的语言非常敏感，能很快就记住，如一些简单的唐诗、儿歌等。

给该阶段幼儿的父母和其他保育者的建议

1）经常在行动中配合一些小儿歌、顺口溜等语言形式，一边行动，一边念给幼儿听，培养其对语言韵律的敏感性。成人可以通过强调韵脚、强调重音、强调重复字的方式，帮助幼儿感知语言形式的特征。

2）准备一些具有语言范式的图书，常常念给幼儿听。具有语言范式的图书，是指那些展示明确的语句结构、使用情境的图书，如从头到尾都是同一句式的图书。

3）大声朗读故事给孩子听。

4）有可能的话，把幼儿说的话写下来，贴出来给家人看。

5）和幼儿一起唱有反复重复句子的歌曲，这种重复的方式有助于他们掌握正确的词序。

（5）2岁以后，想象游戏的发展为幼儿提供了将语言与想象结合起来的机会。在角色扮演类的游戏中，幼儿会像表演戏剧一样，进行假想的对话。幼儿会想象别人的行为，说他们可能会说的话，主动把自己置入社会交往中，练习已经掌握的语言。

给该阶段幼儿的父母和其他保育者的建议

1）家长对于这种现象，要极力保护，并让幼儿觉得自己的想象是合理的、受到认可和包容的。

2）鼓励幼儿观察图片、书籍等材料，允许他们自我表达。成人对这些表示出关注、认可和鼓励。

3）鼓励幼儿讲故事给成人听，对于幼儿自己编出来的情节给予赞赏。如有可能，还可以把幼儿讲的故事录下来，再回放给他们听。鼓励他们不断修改故事、改变情节。

案例

小枣最近对嗒嗒作响的老式闹钟产生了兴趣，他变成了一个充满好奇心的探索者。他总是在接近闹钟的时候，试图用手去拿那个发出嗒嗒声响的东西。妈妈怕他把闹钟摔碎伤害到自己，总是抢先他一步夺走闹钟。

有一天，他趁妈妈不在身边，爬上沙发，终于拿到了闹钟。

妈妈看到了，差点惊叫起来，这时爸爸制止了她。

爸爸走到小枣身边坐下，问他："你发现什么了？"

"嗒嗒！"小枣把闹钟举到爸爸的耳朵旁边。爸爸专注地听着，并跟着闹钟的嘀嗒声有节奏地一起发出声音。听了好一会儿，爸爸把闹钟翻过来，拧紧发条，让闹钟叮叮叮叮响起来。

小枣乐得哈哈大笑。

分析

幼儿是一个非常有能力的探索者，世界对于他们而言，一切都是未知的。探索的过程，就是他们认识世界的过程，也是解决问题的过程。所谓探索，简单地说，就是他们积累各种关于周围世界一切事物的经验，并试图利用这些经验，建构他们对于世界的认识。仿佛心中有一个积木搭成的城堡，最初是非常简单的，随着他们经历的一切，经验逐步丰富，城堡渐渐变大起来。这些经验是他们听到的、看到的、摸到的、身体感知到的一切，并不仅仅是成人"认为"重要的以及必需的"知识"或"技能"。在这个阶段，成人不需要急于"教"幼儿各种知识，而更应该关注他们对什么产生了兴趣，并及时地支持他们对这个事物的探索，从而获得成功感。

2～3岁幼儿认知发展的特点与建议

（1）应用符号。他们可以对身边的物品进行命名，会说出

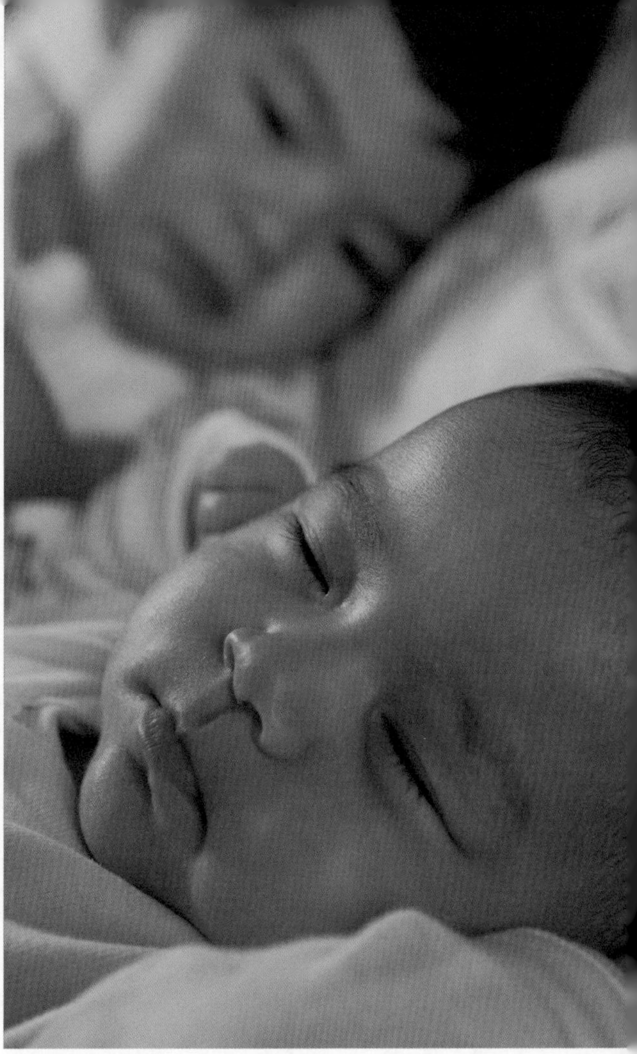

很多熟悉的玩具、物品的名字，很好地把符号和物品结合起来。他们还会跟着成人念数字、点数少量的物品，对物品的数量用数字符号来命名。

成人可以：

1）把生活中出现的各种物品当成教材，告诉幼儿这是什么，并且在这些物品重复出现的时候，不断重复告诉他们。用词汇帮助幼儿把看、听、摸到的经验与词汇连接起来，帮助他们构建心中的"城堡"模型。成人应该知道，他们认识的东西越多，心中那个"城堡"模型所能运用的积木材料就越多、越复杂。但是成人要清楚，这种"学习"不应该以数量积累为目的，而应该以引起、顺应、维持幼儿对认识对象的兴趣为目的。在这个阶段，不应该有任何认知学习上数量的目标要求。

2）可以借助生活中的机会，比如分碗、分苹果、数楼梯等，让幼儿试着唱数、点数、区分数量等。需要注意的是，父母不要急于让幼儿接触数目太多的数字，唱数的范围不要超过10，点数的范围也不要超过3。在这一年的后半段，可以让幼儿去对比可以通过目测的方式区分出来的多、少、一样多等。

3）让幼儿接触大、小、长、短等概念，试着对生活中的对象进行对比和区分。

4）在语言中使用表示数量的词，如更多一点、没有了、变少了等。

（2）解决生活中的简单问题。他们应用自己的感知觉去认识和理解世界，会提出要求和需要，表达自己的想法、表达自己对事物的解释。幼儿通过观察、理解、表达的方式来不断调整自己的认识，并让世界模型精确化。幼儿会从和成人、同伴的相处中，获得关于社会规则的、人际交往规范等抽象的知识。

成人可以：

1）为幼儿提供更多的感知觉活动经验。成人要理解，幼儿认识世界，首先是从认识他们周围具体的物品开始的。这个阶段的认知活动，主要是两个方面：

周围有什么，这是对于具体事物的认识，是关于现象的客观经验。

这些东西的关系是什么，这是关于逻辑和关系的经验。扩展孩子的认知水平，最有效的方法就是让他们接触一切可以接触的东西。

2）动作是幼儿获得经验的最主要的方式。让幼儿通过摸、压、拉、推、滚、踢、跳、吹、吮吸、扔、摇摆、旋转、平衡、丢东西等动作，观察施加这些动作以后，物品会发生什么变化，并理解他们的动作对于物品的作用。

（3）形成了基本的生活习惯。他们在每天固定的睡眠时间，能自己入睡，并可以完成自己每天固定的基本的生活及卫生习惯。成人必须知道，完成这些基本的生活自理动作，对幼儿来说，本身就是一种有益的动作练习、丰富经验的过程。

成人可以：

1）建立每天固定的生活常规，让幼儿形成有序、规律的作息时间，不要轻易打破。在幼儿适应能力比较好，能较容易就适应生活改变的时候，可以尝试偶尔改变生活作息，安排出游、野外活动等，让孩子逐步增强身体的自我调整能力。

2）帮助幼儿学会每天固定的自我服务的技能。比如：睡前自己去卫生间洗手、刷牙、脱鞋、脱衣服，起床后自己去卫生间等。

3）为幼儿设计的生活常规活动要尽可能细致具体，成人的要求要符合幼儿的年龄特点，是他们能理解的。比如：睡前，告诉幼儿“上完卫生间，回到小床前，坐在床上脱鞋子”就比直接要求他们脱鞋子上床睡觉要清晰细致，更利于他们理解具体的常规要求。

（4）绘画表达。2岁以前，幼儿处于涂鸦状态，乱涂乱画，满足于这个动作，画完以后才会对自己涂画的内容进行解释。2岁的幼儿意识到，他们可以用图画来描绘假装的物品，这就具有了艺术表达的性质。他们通常是用蜡笔画了一个形状，或者随意用符号来标记，然后根据他们对形状和标记“像什么”来命名，这是一个很大的飞跃。

成人可以：

1）为幼儿提供可以乱画乱写的材料和工具。绘画是幼儿自我表达的最重要的手段之一，保护他们表达的意愿和积极性，比教会他们如何表达更重要。

2）这个阶段幼儿的作品是充满幻想的，所以从某种意义上来说，也是非常高水平的创造活动。这是一种对幼儿人生有很大影响的学习品质，成人应该对这些创造表现出充分的尊重，耐心听取幼儿的讲述，可能的话，可以帮他们记录下来对涂画内容的解释，帮他们把作品展示在家里。

3）有人认为，幼儿的作品更接近艺术大师的作品，这是因为他们的表达是没有任何修饰的，是人本的、最接近人性的表达。所以，给幼儿提供一定的美术欣赏内容也很有益。帮助他们增加对颜色、线条、形状所表达出来的美感的经验，并耐心听幼儿表达他们的感受。

案例

小枣在纸上兴致勃勃地涂了好些东西，他对于这个活动的兴趣已经持续了好长时间了。妈妈发现，小枣拿起笔，总是不假思索地就开始涂画起来，而且专注的时间比起玩其他玩具的还要长一些。

妈妈很好奇，小枣究竟在画些什么呢？

妈妈耐心地等小枣停下笔，正要发问，小枣却指着纸上的一团线条说："这是苹果！"

妈妈大声笑了起来。她抱起小枣，亲了亲他，大声地称赞说：

"小枣真是个小艺术家！"

分析

在2岁之前，幼儿以自己的身体为中心，通过感知和动作去了解世界。而2岁以后，思维的发展得益于心理表征的不断发展。所谓心理表征的丰富，表现为语言的增长、对角色的扮演、绘画以及对空间符号（如照片）、模型和简单的地图的理解。这个阶段，幼儿利用形象、表象甚至符号来学习，而不是像以往那样，更多是直接依靠动作和感知经验来理解世界，这是人类一生中，思维发展的一个重要里程碑。

2 ~ 3 岁幼儿思维发展的特点与建议

（1）寻找隐藏的东西。孩子不再因为某个物品不在他眼前，就觉得这个物品是不存在的。这和1岁时物品不在眼前，他就认为那个东西不存在的阶段相比，思维有了本质的飞跃。这阶段的幼儿相信，物品是永恒存在的，即使看不到它。从现开始，幼儿依靠出现在头脑中的"图像"展开行动，这是"思想"的起源。

给该阶段幼儿的父母和其他保育者的建议

1）玩躲猫猫游戏。利用各种机会，让幼儿丰富"消失"的物品可能会在另一地点出现的经验。这些经验能帮助他们的大脑处理这些复杂的现象，并从中找到规律，用"形象"来帮助思维。这些经验是物品恒常性、守恒等概念形成的基础。

2）用手帕、毛巾、被子盖住玩具或其他东西，让幼儿揭开，再盖上，反复游戏，让他们感知和确认玩具是始终在那里的。也可以用手帕遮住幼儿的眼睛，让他们猜猜是什么玩具，或摸摸他人的脸、手等，其意义是一致的。

3）让幼儿创造各种各样的形象，可以使用蜡笔、水彩、积木、毛线、纸板等。当然，玩这些材料时，成人应该守护在旁边，以保证安全。生活中也有很多这样的机会，如玩沙、玩泥的时候，就等于用沙、水、泥、树枝、石头等进行塑造活动。

（2）象征性游戏。幼儿会指着他们画的一团线条说，这是谁，这是什么东西。幼儿还会拿着一块积木递给妈妈说，请你吃一块蛋糕。这些象征形象的出现，说明幼儿的思维脱离了具体的对象，有了概括性的特点，这是他们将来进行抽象逻辑思维的重要基础。

给该阶段幼儿的父母和其他保育者的建议

1）重视幼儿产生的任何想法，不要因为它显得荒诞、没有任何“正确的”知识的含义而忽略它。例如：案例中的小枣妈，不因为线条不像苹果而去试图让小枣观察苹果的颜色和特征，引导孩子“正确”地画一个苹果。成人只需要赞赏和认同幼儿的想法，让他们感觉到自己的想法是有价值的。这样，幼儿会培养出积极的思维习惯，会更乐于产生想法，这也是最初的创造的萌芽。

2）可以试着给幼儿一些空间自己玩游戏。当成人观察到幼儿有了想象、假装这些迹象真

实存在，并沉浸到自己的幻想世界当中时，不要随意打断，或者认为自己参加进去可以让幼儿假装的内容更复杂更有意义，从而让他们的游戏变成自己意愿的再现。如果幼儿没有要求成人配合自己的游戏，就不要急于改变他们的想法。

3）提供一些玩具，让幼儿可以有假想的象征物。实际上，生活中的东西也很有用处，如空纸箱、旧盒子、粗圆筒、布袋子等，这些材料可以替代很多东西，是幼儿假装和想象的最好的支持物。

（3）观察图和阅读绘本。看图是幼儿把符号经验与自己的感知经验进行联结的重要途径。看图的对象可以很多，如玩具的搭建模型图、地图、海报等，都可以作为观察对象。绘本除了读图以外，还有故事的情节、连续图画中包含的规律、暗示等，可帮助幼儿产生初步

的阅读兴趣。

给该阶段幼儿的父母和其他保育者的建议

1）在生活中，让幼儿看环境中的各种图片、图案。每次看完，都可以问问他们看到了什么，是怎么理解的。

2）提供一些图案单纯、主体形象大、情节简单、语言重复的绘本，让幼儿阅读。注意帮助他们观察图中连续的线索、重复的标志等，并给幼儿朗读书中的文字，让他们初步把图像经验与符号经验进行联结，让他们的大脑有处理不同符号信息的机会。

3）和幼儿一起搭积木，成人可以先搭建简单的结构，让幼儿模仿。另外，也可以把他们已经搭建过的模型拍照，打印出来，贴在他们游戏的地方，让他们接触图片、时间、实物之间的复杂关系。

4）空间符号材料比如照片、地图、模型等帮助我们了解没有经历过的事情、没有到过的地方的信息。让幼儿接触这些材料，能让他们进一步理解一个物品可以替代另一个物品的事实，从而使思维更为复杂。

（4）音乐表现与创造。表现与创造的基础是表达，这个阶段，幼儿的幻想、假装、象征等特征，使他们的行为具有了艺术表现的特点。艺术表现同时也是一种创造活动。幼儿的表现与创造的能力的发展，是基于他们的观察、感知。所以，成人可以为幼儿提供各种欣赏的机会，并鼓励他们借助艺术的手段来表达思想，从而促进思维的发展。

给该阶段幼儿的父母和其他保育者的建议

1）给幼儿听各种音乐。那些优美的表现自然界中各种声音的音乐是很好的素材。成人不要把听音乐当成任务来让幼儿完成，要和他们一起欣赏和感受美。儿歌是合适孩子的音乐素材，有着明快、简单节奏的歌曲或配乐的儿歌，朗朗上口，能方便幼儿感知。在听的过程中，成人可以用身体动作来表达这些节拍，给他们做示范。

2）提供一些敲打的乐器，让幼儿通过自己的敲打制造出有韵律的声音。成人可以引导幼儿一边听音乐节奏，一边进行敲打，帮助协调脑和手。成人可以跟着乐器唱出音名（如哆来咪），但不要强迫幼儿记忆这些信息，比如让他们说明哪个是“哆”。学会艺术表现的手法和技能并不是目的，体验的作用是让幼儿借助这些手段，进行他们自己的表现活动。对于表现积极性特别高的幼儿，成人可以提供道具来帮助他们表演。

3）给幼儿提供机会感知各种不同物品发出的不同的声音。区分音量的大小、音调的高低，甚至区分不同的音色等。

4）和幼儿一起轻声唱歌。成人要做好示范，让幼儿形成轻声说话的习惯。当听到熟悉的儿歌或旋律时，和幼儿一起伴随节拍唱出歌词。

第二节

情感和社会性的发展与促进

一 与他人的关系

案例

小枣和邻居的小妹妹是好朋友，两人常常在一起玩。妹妹哭的时候，小枣甚至也会流下同情的眼泪，他会冲上去抚摸妹妹的脸，把手里的糖果或者饼干送给妹妹。妈妈和阿姨常常笑着夸他是个小暖男。

这天小枣用积木砌了一个小长条，他高兴地举着它说：这是枪。妈妈说：真是把漂亮的枪啊！我们带去给小妹妹看好吗？

妈妈和小枣高兴地到了小妹妹的家里。可是，当小妹妹想拿这把“枪”看看时，小枣拒绝了。小妹妹执意要拿，小枣还把妹妹推了一跤。

分析

到了2岁以后，幼儿会：

（1）喜欢和其他小朋友一起玩，并会经常为所有权争吵。

（2）会分辨别人的情绪。

（3）会帮助他人完成任务。

（4）意识到自己需要帮助并寻求帮助。

但是，他们在与他人的关系上，也会显得有些阴晴不定。上一秒还很开心和小朋友一起玩，下一秒可能又打了别人。他们有时显得有同情心，但有时又显得独断专行。

给该阶段幼儿的父母和其他保育者的建议

（1）这个年龄段的幼儿在自己的世界里学习辨别“自我”。他们的玩具、用具、图书都是他们“自我”的一部分，其自我控制能力也在逐步加强。这种两极现象的出现，正是因为他们在学习和发展自我控制能力，又无法自如地控制这种能力的结果。这种反复无常本身也是他们自我调控的一个过程，所以成人应该对幼儿的这种现象给予更多的同情心，不要急于让他们按成人的规范去行动。

（2）这个年龄的幼儿越来越意识到，他人也是个体。在和他人的关系中，意识到自己也需要帮助。他们把成人变成是自己的资源，在需要帮助的时候，会寻求成人的帮助。这是幼儿在社会性学习中很重要的一个部分，所以成人要允许幼儿向自己求助，并在需要的时候提供帮助。这就意味着，成人并不是随时掌控幼儿的一切，有些时候，当他们不需要帮助时，应该让他自己玩。

（3）这个年龄段的幼儿刚刚开始理解，别人也是有情感的。他们无法意识到他人有可能会不理解自己说的话的含义。他们常常不能理解自己给他人带来的感受，所以成人要耐心地接受幼儿的情绪，而不是试图让幼儿控制自己的情感，或在他们有强烈的情绪反应的时候试图说道理和教育他们。

案例

小枣在刚好满2岁的时候，学会了自己用勺子吃饭。这个阶段，他很愿意表现自己的能力，且平静随和。可是他在2岁半的时候，突然变得十分逆反。

他不肯再用勺子吃饭，一定要妈妈喂。以前会做的事情，他都不愿意自己做了。

吃饭的时候，有时小枣的脾气还特别大，妈妈喂也不行，爸爸喂也不行。爸爸妈妈试着和他讲道理，他就号啕大哭。爸爸妈妈都觉得特别烦恼，不知道他到底为了什么发那么大脾气。

分析

2岁半左右，我们通常称为“第一反抗期”。成人往往会发现，幼儿在2岁的时候，要求很少，也显得很平静，但

突然之间，他们就变成十分逆反，没有理由地大发脾气，情绪变得不稳定，易怒易哭。他们几乎对所有的事情说不，挑剔、任性，会做的事情不愿意做了，偏要去尝试那些他们没有能力做的事情。他们常常有攻击性，但突然又会觉得害羞，行为非常不合常理。这是因为，幼儿的“自我”概念的形成，使之意识到自己与其他人是不一样的，他们希望有更多的机会表现出自己的独立性，但是常常受到成人的限制，从而产生出很多的冲突。

给该阶段幼儿的父母和其他保育者的建议

（1）尽可能理解幼儿烦恼的是什么，并对其情绪表示认可。这一点对于反抗期的幼儿非常重要。他们认为成人对于他们的感受肯定是清楚的，以为自己的愿望表达得很清晰。所以成人要及时表示理解他们的情绪，而不是试图引导和操纵他们的情绪。引导和操纵只能让他们更焦躁。比如：当幼儿发脾气的时候，成人首先要告诉他们：我知道你现在很难受，我很同情、理解。

（2）这种焦躁也来源于不确定性和不安全感。成人需要知道怎么样才能让幼儿产生确定性，通过持续的、同一的活动和规律来增加他们的安全感。比如：幼儿习惯每天散步的时候玩自行车，就不要轻易改变他们的习惯。他们喜欢的东西，不要随便拿走、送人、丢掉，不要认为他们好久不玩，就可以随意处置。

（3）生活中的用品，如衣服、碗、勺子、杯子等，床上的东西，房间的摆设等，应尽可能不要频繁更换，让幼儿用自己熟悉的东西、在熟悉的环境里生活。

（4）成人可以示范良好的情感表达方式，比如对他人、对其他幼儿表达友爱；当幼儿表达出这种积极情感时，表示赞赏。

（5）肯定幼儿的自我价值。成人可以经常地和幼儿分享他们的成功经验，让他们感觉到自己是有价值的。当幼儿完成好一件稍有难度的事情时，成人及时给予积极的反馈，让他们感受到积极的反应。当幼儿感受挫败时，成人也要敏感地给予支持性的情感，及时鼓励，帮助其恢复信心。

（6）满足幼儿的占有行为。这个阶段的幼儿，对自己的东西会表现出更大的占有欲，这和“自我”的发展是相互对应的。家庭与养育机构应当提供充足的玩具和材料，让幼儿可以掌控这些东西的使用权。从这一特点引申，让幼儿有自我选择的空间是非常必要的，每天都应该有一段时间，幼儿能安全地、不受约束地选择自己想要的东西，按自己意愿进行玩耍。这个过程不仅可以满足幼儿“掌控”的欲望，更重要的是，可以发展他们的自主意识和能力。

案例

小枣最近很喜欢大声喊叫，是一种近乎尖叫的喊叫，大家都为此感到非常困扰。每到这个时候，妈妈都会严厉地制止他，小枣有时候会觉得委屈，有时候会接受妈妈的建议。

这天，小枣放在桌上的半块蛋糕被奶奶扔掉了，小枣非常生气，当奶奶试图向他解释的时候，他不但不听，还大声尖叫起来。爸爸及时地提出了一个建议：

“小枣，我们到外面去玩好吗？”

“那我要骑自行车！”

“好！”

小枣在花园里猛骑了一阵自行车，速度很快，边骑边时不时地发出喊声。两分钟之后，他终于平静下来了……

分析

在这个阶段，幼儿在控制和协调自己情绪和情感的方面，缺乏有效的自我调节能力。这也是第一反抗期出现的原因。此时，幼儿出现各种消极行为是很正常的，甚至有些表现为攻击。这种能力，要在游戏和生活中，通过对成人的模仿、冲突与交往来实现，是一个非常困难而漫长的过程。

给该阶段幼儿的父母和其他保育者的建议

（1）给幼儿做出良好的情绪控制榜样。成人不要在幼儿面前表现出剧烈的情绪反应，要让幼儿感受到平和、温暖的情感氛围。当幼儿出现剧烈的情绪反应时，不管是高兴的还是不高兴的，不要用夸张的方式去回应他们，因为成人这种强烈的情绪状态本身就是对他们的一种不好的示范。

（2）当幼儿无法控制情绪时，允许他们用活动的方式来发泄情感。如骑自行车、攀爬等强烈的身体运动，或者是用力打枕头等宣泄行为。

（3）成人可以通过给幼儿提出新的建议来解决此时的情绪反应。比如：建议去玩一个新的活动，画一幅生气的画，提供他们平时就很喜欢的玩具或材料，让他们的注意力被其他物

品所吸引，或者被自己的能力所吸引。

（4）当幼儿出现自发地帮助他人的行为时，要及时地肯定和表扬。成人在适当的机会里，也应该向幼儿提出请求，请求他们帮助自己，使他们能够帮助你进行日常生活中的一些活动，让他们感受到自己能力的提高。

（5）给幼儿“命令”他人的权力，在有控制的前提下，让他们“控制”他人。比如：在游戏中充当领导人的角色，幼儿充当发出命令的那个角色。在家庭中，成人也可以和他们一起玩这些游戏，让幼儿扮演医生、售票员等，提出规则让他人遵守。

（6）和幼儿一起玩一些训练控制力的游戏，如木头人，让他们有机会在游戏中练习自我控制的能力。

案例

小枣最近爱上了一件事情，就是帮妈妈扫地。他把鸡毛掸子当玩具，拿着它不断地扫扫这里，扫扫那里。

有一天，小枣看到爸爸在扫地，觉得扫把也很好玩。爸爸放下扫把以后，小枣跑过去拿。正好扫把也不大，小枣觉得自己操纵起来感觉非常不错。

妈妈看到了，高兴地对小枣说：

“你是在帮助妈妈打扫卫生吗？我的宝贝真能干！”

对于这个赞赏，小枣欣然接受。

分析

象征性游戏是这个年龄段的幼儿最热爱的游戏，也是他们学习的最重要的途径，是支持幼儿思维发展的重要条件。幼儿在游戏中重演他们所看到的现实世界，游戏帮助幼儿洞察自己和世界间的联系。同时，幼儿还通过游戏进行感情整合，一些不愉快的经历通过游戏进行了补偿，如在游戏中代替父母的角色发号施令、训斥娃娃等。游戏使其认知、社会性都得到发展，更重要的是，游戏还支持了幼儿“自我”的成长。

给该阶段幼儿的父母和其他保育者的建议

（1）给幼儿更多的时间进行游戏，让他们有足够的不被打扰的假装、想象的游戏时间。不要用成人认为“有用”的学习活动来代替幼儿自己的想象、假装游戏，不要打断和制止幼儿的想象和假装行为。研究表明，在这些游戏中，幼儿持续的时间更长、包含性也更大，合作能力也更好。

（2）帮助幼儿准备可供假装和想象的玩具和材料，成人可以和幼儿一起玩，把它们想象成各种对象、各种角色，这可以帮助扩大幼儿的想象空间，也可以帮助他们模仿成人借助材料来扩展思想的方式。

（3）如果可能，让幼儿有和同伴一起玩游戏的经历。与同伴一起游戏，无疑可以增强其社会交往能力的发展。因为和同伴在一起，就会产生冲突，在处理矛盾的过程中，能丰富他们的人际交往经验。成人作为幼儿的模仿对象，要在处理人际交往中做出态度的、语言的以及行为的示范。

（4）当幼儿自己游戏的时候，会假想出一些他们自己创造出来的玩伴和对象，这些看不见的角色与幼儿形成特殊的关系，和幼儿相互交谈。有些家长会觉得这种行为很怪异，会不自觉地打断他们，或用询问去改变幼儿的游戏。而实际上，这种现象表明幼儿在进行更加复杂的角色扮演，有更好的心理表征能力。成人不要表现出“好搞笑”“好傻”这类的态度，而应该以认可他们的思想、理解他们的游戏的态度和幼儿讨论他们想象出来的角色，必要的时候，还可以帮助他们用表征（文字、图画）的方式记录下来。

（5）成人在幼儿的假装游戏中，除了态度上的认可以外，还可以用参与的方式，丰富幼儿的想象。比如：扮演与幼儿对话的另一个角色，在幼儿觉得困难、表达不畅的时候，成人可以以游戏的角色给予帮助，对于一些他们需要的语言或技能，可以直接示范。

（6）当幼儿出现一些成人认为需要矫正的行为时，可以利用游戏的情境来帮助他们改善认知、情绪以及行为。比如：幼儿挑食，不想吃碗里的东西，妈妈可以假装拿起调味瓶，说“宝宝不喜欢吃啊，那我们往里面加一点宝宝最爱吃的鸡蛋酱进去”，然后假装往碗里倒一点东西，增加幼儿对食物的兴趣，也可以鼓励他们继续假想添加其他的食物，直到把碗里的东西吃完。

第三节

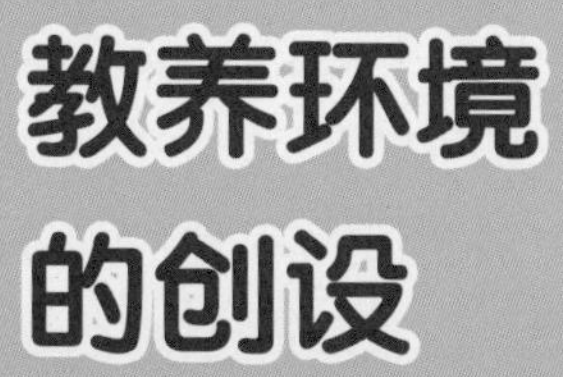

教养环境的创设

案例

妈妈买了一台新电视机，巨大的纸箱扔在门口，小枣特别喜欢它。爸爸帮他把纸箱穿了两个洞，变成了一台“小推车”，正好可以让他用两只手推着或拉着它走动。

他试着在家里的平地上推、在地毯上推，甚至在阳台稍微有点凹凸的地砖上推。他惊奇地发现，原来小推车这么好玩，在每一个地方推出来的声音和速度都不一样。

星期天爸爸带着小枣到草坪上推“小推车”。哇！小枣发现，草坪上推车好困难啊！得要很用力才能推得过草垛，而且草地原来是不平的，看起来一样高的草，下面是坑坑洼洼的啊！

回到家里，小枣告诉妈妈：“我今天发现草地真好玩！”

分析

幼儿的发展是与他们周围的环境发生作用的结果。养育一个聪明、健康、活泼的幼儿，周围的环境要满足两个要素：

（1）一个是心理层面的爱、宽容和认可；

（2）一个是物质层面的围绕他们的世界，以及在成人的帮助下，幼儿与周围环境产生的交互作用。

通常成人们会更注重可见的、可评价的物质这个部分，但实际上两个方面都非常重要。

成人应该尽可能为幼儿提供一个独立的游戏空间，幼儿有自己的游戏房，当然是最好的；但如果没有这样的条件，成人可以给他们一个范围，作为他们自主决定游戏、摆放自己的东西的地方，也是有益处的。因为：

1. 2～3岁的幼儿，需要有骑、推、拉等动作的活动空间，也需要有自己阅读、角色扮演、涂鸦画画的空间。他们还没有意识到自己的动作可能会对他人造成什么不利的影响，只会横冲直撞，直到撞上别人、撞倒东西才意识到自己的行为会影响别人。

2. 独立的空间能给幼儿自己有做决定的机会，也可以用这些地方来摆放自己的玩具用品。这个划分会让幼儿产生自主感，对于建立幼儿的“自我”和“自主”的意识是有帮助的。关于“自我”，2～3岁是一个关键的时期，如果幼儿不能建立健康的自我感，就容易出现攻击或退缩行为。

3. 家庭条件无论多优越，都无法代替户外广阔的空间。充足的、有度的户外活动是扩展幼儿学习和生活空间的最好的方式。草地、泥地、沙地、湿地，给幼儿提供了无限的经验扩展的机会，这些经验为其日后的智能发展打下良好的基础。

材料是一个非常大的概念，除了有详细的商家的介绍和建议、分年龄段为幼儿购买的玩具以外，成人要知道，购买的玩具其可变性和对智力发展的贡献，永远比不上成人根据幼儿的需要因地制宜提供的支持更丰富有效。成人可以利用家里的废旧物品，来做各种有益的材料。

1. 平衡木：用废旧大木板摆在地上，让幼儿试着走平衡木。把旧的砖头在地上排列成一排，也可以让幼儿走平衡木。

2. 有轮子的玩具：除了买一些带轮子的玩具如自行车、推车、小汽车等以外，还可以利用家里各种有轮子的东西来做成幼儿的玩具，如有轮子的桶、旅行箱包等。圆筒状的包装盒、薯片筒、纸筒等，可以两头刺穿，穿上绳子变成轮子，让幼儿拖拉着玩。

3. 用过的鞋盒、包装盒：成人可以在上面开出各种形状的洞口，让幼儿把开洞时切下来的部分试着再镶嵌上去，也可以利用那些洞口，试着把所有的能放进去的小物品、小玩具放进去。甚至可以提供一些看起来很大、无法塞进洞口，但是稍加探索就可以通过变换角度等方式塞进洞口的东西，让幼儿试着塞进纸盒子里。纸盒子也可以用来玩猜宝物的游戏，把小玩具放进去，通过听声音、把手放进去摸一摸的方式来猜测里面是什么。各种包装盒也可以用来进行搭建游戏。

4. 家里不用的布幔、窗帘、坐垫等：可以清洁后提供给幼儿用来布置自己的空间，作为各种假装的“道具”。

5. 纸袋：类似麦当劳的薯条袋大小的小纸袋可以用来做成小木偶，剪些洞作为眼睛、嘴巴，稍作装饰套在手上假装各种角色。

成人与幼儿的关系会影响其身心发展，包括心理氛围及互动。这种关系的性质会影响幼儿的心理安全、自我感的形成、人格的成长。这里我们介绍一下国外普遍推荐的3A保育原则（3A保育原则引用自琳达·杜威尔沃森的《婴儿和学步儿的课程与教学》一书）。

1. 关注：研究表明，当成人对幼儿有更多的关注时，幼儿的行为就会增加。成人的关注也是理解幼儿的一种主要的途径，关注他们，成人才知道他们的真正需要，互动和支持也才更有效率。关注分两种：积极的和消极的。显然，对2～3岁的幼儿而言，关注积极的行为，会让幼儿的积极行为增加，关注消极行为也是一样，所以成人应该更多地对幼儿的积极行为进行反馈，表示自己看到了，并对此十分欣赏。

2. 赞赏：适当的、持续的赞赏可以发展幼儿的信任。信任感是其人格及社会性发展中的重要基础，一旦信任感建立，幼儿会很容易赞赏自己。信任并不取决于数量，成人必须真诚地满足幼儿的个人需要，让他们确信自己做的一切都有意义，成人不要把赞赏当成是一种训练的手段，用来强化幼儿那些符合自己价值观的行为，它必须是一种持续的同一的关系。

3. 温情：这是关系中情感氛围的部分，真诚与温暖的感情纽带才是成人促进幼儿发展的最好的心理环境。

温馨提示

丰富的环境，并不是只靠买，买，买。

许多成人认为，对幼儿的爱，体现在物质上无私的付出。对于幼儿的需要，成人总是希望能尽一切能力去满足。于是，家里的玩具越堆越多，占用了大部分的家庭空间，给收拾、使用带来了很多麻烦。

其实，我们说给幼儿创设丰富的环境，并不等于说环境中物化的材料越多越好。买回

来的玩具不一定是最适宜的，玩具更不是越贵越好。

成品玩具当然有很多优点：

首先，它们是由专业人员设计的，对幼儿的发展意义当然是不言而喻的。

其次，玩具生产有一定的法律规范，特别是品牌玩具，能在材料的使用上为孩子的安全提供很大的保证。

最后，成品玩具一般颜色造型都比较精致，充满美感，是自然物和废旧材料无法比较的。玩具的功能一般也比较复杂，能给幼儿提供更难得的体验。

但它们也有局限，其中最大的问题就是功能封闭、单一，没有可变性。

从广义来讲，玩具是提供给幼儿玩的东西，它们并不应该仅仅局限于成品玩具。生活中随手可得的材料，一张纸、一个罐子、一个瓶子，都可能是非常好的探索工具。

自然物和废旧物的优点是：

首先，随处可见，经济实用。

其次，具备开放性和多样性，一物多用。材料的开放性的玩法有助于培养幼儿发散性思维，锻炼其思维的灵活性和可变性，对于培养聪明的幼儿，是很有好处的。

最后，家里用完的东西，在保证清洁、安全的前提下，都可以想象一下，应该如何利用起来，使其成为幼儿的好玩具。

第四节

适合2～3岁幼儿的综合性游戏

案例

妈妈发现，小枣今天在房间里玩了好久，一直没有出来。妈妈悄悄进去，听到小枣在和爸爸送给小枣的和他一样高的泰迪熊讲话。

小枣把爸爸的皮鞋给泰迪熊穿上，把超人玩具中的腰带系在泰迪熊腰上。他又把几辆车子玩具一字排开，消防车排在最前面。

小枣自己在泰迪熊身边跑来跑去，一会儿喊着："消防车来了，快让开！"一会儿学着泰迪熊的声音说："我是泰迪熊消防员！"

妈妈开心地笑了。

分析

实际上，幼儿的发展很难说是按一个个方面来分别进行的，在生活和游戏中，各方面的能力是同时发展的。2～3岁的幼儿总体来说，喜欢玩各种与身体动作相关的机能游戏，也喜欢玩象征性游戏。

适合该阶段幼儿玩的综合性游戏

（1）唱儿歌和背诗歌：这个阶段幼儿对于韵律一致、节奏感强的儿歌和古诗非常感兴趣，他们的机械记忆能力也非常强。给幼儿念这样的儿歌或诗歌，并帮助他们背诵这些朗朗上口的语句，是幼儿非常喜欢的游戏之一。

（2）搭积木和过家家：从2岁开始，成人要逐渐给幼儿提供各种搭建积木的材料，随着年龄的增大，积木数量和类型可以逐步增加。除了购买各种积木（包括塑料积木）以外，还可以用盒子、瓶子、小动物模型、娃娃等，丰富搭建游戏的内容。成人对幼儿出现的"假装"现象要十分配合，提供材料或自己加入角色来支持他们的这些角色扮演活动。

（3）分类、配对、拼图等思维类游戏：2～3岁的幼儿，已经可以正确地对类别进行区分，可以根据共同特征进行分类，根据相同点进行配对游戏（如接龙游戏，把可配对的卡片连接在一起）。成人可以通过图片、食物、衣服、用品、户外的植物等，让幼儿进行观察，并区别相同与不同之处，进而帮助他们建立“类”的概念。这个年龄段的幼儿只能按一个明显的标准进行分类， 比如红色的东西（红花、红色车子）等。拼图游戏也是这个阶段可以进行的思维训练游戏。成人可以根据幼儿的能力，在生活中找到一些可以推理的问题，和他们一起讨论。比如：吃切开的苹果时，让幼儿在几种完整的水果中间选择，判断被切开的水果片是由哪一种水果切出来的，帮助他们理解物理变化中包含的前后顺序、形状关系等。将生活中用过的各种瓶子（确保幼儿玩起来是安全的，没有锋利的边缘、无毒以及无法摔碎，或由成人陪伴尝试）的盖子拧开，让幼儿判断哪个盖子和哪个瓶子配对。丰富的用脑的经历，会培养幼儿很好的思维灵活性，并且帮助他们建立自信。

（4）猜猜这是谁：这是一种家人之间可以经常玩的游戏。大家闭上眼睛，只有一个人说话，让幼儿判断是谁说的话。说话的声音可以根据幼儿的年龄的大小来设置难度，比如说话的内容是平时很少听到的，或者用装饰过的声音来说话。这种游戏还可以用来猜其他的东西，如让幼儿蒙眼用手摸家人的脸和手来猜对象，或者其他人藏起来，让幼儿根据衣服、鞋子来判断等，难度可以随着年龄的增加而不断增加。

（5）简单的数的学习：常常和幼儿一起念唱数字名、唱数、背诵1～10等。在吃东西、玩游戏的时候进行简单的点数。另外，可以帮助幼儿建立大小、多少、一样多、相反等的概念，这些经验一定要在生活中进行，不提倡专门让幼儿学数、背数。在搭建积木的时候，还可以和幼儿一起认识三角形、圆形、正方形、长方形等形状。成人要注意形状是指平面的，立体的积木的一面我们称为形。

（6）涂鸦与绘画：此类活动是一种重要的表达活动。成人可以给幼儿提供相关的材料和空间去做这类活动，如果不想因为幼儿涂脏了墙或地板责罚他们，就应该提前为他们准备好可以自由创作的空间。另外，在涂鸦活动中，成人可以和幼儿一起认识颜色，并观察颜色混在一起后发生的奇妙变化。涂鸦工具我们推荐的是粗蜡笔甚至蜡笔块，因为它们比较粗，无论用什么样的角度都可以留下痕迹，对幼儿的动作技能没有过高的要求。另外，用无毒的水粉和水彩颜料，甚至可食用的色素来代替也是可以的，和孩子一起观察颜料在水中发生的变化。在进行涂鸦活动时，还可以做一些粘贴活动，把有颜色的碎纸、布条等用胶水或糨糊粘到纸上。

（7）身体动作游戏：事实上，大肌肉动作的发展大多数是不需要特别训练的，幼儿在生活中的各种运动就经常需要用到大肌肉。但是2～3岁之间，成人可以根据幼儿的年龄和能力，有意识地提供一些稍有难度的、需要学习调整并重复练习后才能掌握的动作，如踮脚尖走路（过水洼）、走线条（跳舞步）、弯腰走（小鸡吃米）、钻洞穴、接球、滚球、推球、单足立、单足跳、双脚交替下楼梯等。

游戏举例

●颜色配对

目标：区分、配对不同的颜色，建立类概念。

材料：家里不用的各种颜色废旧物品、幼儿的玩具等有颜色的材料。

玩法：

（1）成人把有颜色的东西放在一起，让幼儿指认一下，他认识哪些颜色，并说出颜色名称。如果幼儿说错了颜色的名称，成人示范一次正确的，让幼儿跟着重新说一次。反复认读几次，巩固颜色的命名。

（2）成人拿起一件玩具（物品），指着其中的一种颜色说：“×色。”再把玩具（物品）放在桌上（地板）上。再拿起另一件玩具（物品），找到相同颜色的部位，摆到第一件玩具（物品）旁边，相同颜色的部分靠在一起。

（3）幼儿像成人示范的那样，拿起一件玩具（物品），指出玩具上的某种颜色，并放到已经摆放好的玩具旁边，相同颜色的部位靠在一起。

（4）反复游戏，在幼儿厌倦前结束。

●指五官

目标：巩固对人脸五官的认识，发展手口一致指认物体的能力。

材料：画有五官的人脸图（照片）或脸谱。

温馨提示

1. 这个游戏除了游戏本身的认知训练以外，还有助于帮助幼儿发展社会性认知能力。这个阶段的幼儿是绝对的自我中心主义者，通过把自己的五官和他人的五官进行连接，有助于帮助他们认识到：自己之外，世界上还有别人。

2. 这个游戏可以换成在人与人之间玩，父母（或其他成人或孩子）和幼儿一起，指出自己的五官，并指出别人的五官。在认知以及动作练习之外，还可以增进社会性交往，实现游戏的愉悦功能，促进幼儿的心理健康成长。

3. 随着幼儿能力进一步发展，成人可以在空白的纸上画上五官，并用剪刀剪开，让幼儿在空白的纸上，摆上五官的图案，或者把剪成几块的人脸图片拼在一起。

温馨提示

1. 幼儿可能会认为不同深度的同一颜色，是不同的颜色。成人不需要急于纠正，允许他们保留自己的意见，按自己的节奏和路径建构关于颜色的经验系统。如果幼儿把不同的两种颜色连接在一起，可以提醒他们观察两种颜色是不是一样。

2. 游戏可以增加复杂度，从开始的玩具（物品）按一个列队排列下去的方式，变成一个彩色玩具旁边可以接排几个玩具的模式，让幼儿感知配对排列可以有复杂的变化，培养其思维的灵活性。

3. 如果幼儿想尝试新的玩法，成人应该鼓励和认可，按他们的规则改变游戏，并引导他们注意自己的规则。

玩法：

（1）成人拿图片给幼儿看，并一一指认上面的人脸五官。幼儿随着成人的指认，说出它的名称。

（2）每指出一种五官，成人都在自己的脸上指出相应的位置。然后问幼儿："宝宝的眼睛（或其他五官）在哪里？"

（3）幼儿用手指在自己的脸上指出相应的位置。如果指错了，成人帮助指出正确的位置。

（4）重复游戏。或拿一张新的照片或图片变着玩游戏。

●生活日记本

目标：发展语言表达能力，培养计划意识、表征能力。

材料：可以画画的白纸（可以是废旧的挂历纸、包装纸等）。

玩法：

（1）成人把干净的、上面没有线条与文字的纸张用订书机钉成一本，告诉幼儿这个本子可以用作日记本，让幼儿记录自己每天有趣的生活和事件。

（2）每天早晨，让幼儿想想他当天想做的事情、想玩的玩具或活动，并让他用语言表达出来。成人帮助幼儿把这件事情写成一句话，写在本子上，并标明日期。

（3）如果幼儿愿意，让他们在上面画上想画的内容。可以引导幼儿把成人写下来的句子里的事情画出来。

（4）画好以后，可以和家里人说一下，介绍自己做了什么、用了什么工具或材料、期间有没有什么想法、心情怎么样等。如果他们同意，成人可以把他们说的话记录下来。

温馨提示

1. 表征能力是整个幼儿期心理发展的一个重要指标，成人应该提供一切空间与条件，让幼儿产生表达与表征的愿望、产生自己的表征方式，并给予及时、正面的反馈。

2. 在幼儿语言发展的关键期，表达与表征活动很大程度依赖于言语能力的发展。成人要注意的是，言语能力的发展，除了词汇句式等这些可见部分的积累以外，更重要的条件是，鼓励幼儿出现"想表达""知道表达什么"的状态，这一部分是需要成人共同营造环境与氛围的。

3. 在这个年龄，幼儿不一定会有计划地安排自己的一天活动。成人帮幼儿写一句话，目的是让幼儿感受到计划是什么，这对于培养他们有计划的做事习惯、有意记忆的习惯，都会有帮助。

●匹配游戏

目标：发展观察、简单分析、推理能力。

材料：各种废旧的包装纸、布料、图卡等。

玩法：

（1）成人收集一些包装纸、布料、图卡等。把材料剪成边长6厘米的正方形（或规格一致的扑克牌），每种图案都有相同的两张。

（2）把图片放在一个信封里。玩的时候拿出来，小图卡全都倒在桌面或地板上。

（3）成人拿起一张图，让幼儿从桌面（地板上）的图卡中，找到和妈妈手中一模一样的图卡，把两张相同的图卡摆在一起。

（4）成人拿另一张图卡，重复游戏，直到幼儿兴趣减弱。

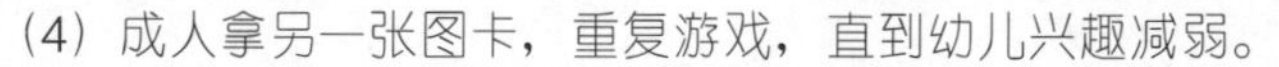

温馨提示

1. 配对是3岁前幼儿思维发展的一种非常好的练习，它包括对观察力、判断力的训练，同时也是逻辑思维能力的一种有益的训练。妈妈收集的图片，可以是生活中的各种材料，也可以用物品来取代图片。相同的图案、颜色、数字、文字等，都可以作为观察的对象。

2. 随着幼儿的能力不断发展，游戏也可以向更复杂、难度更大的方式发展。妈妈可以用不相同的图片来代替，配对的规则可以是两个图片有相同的元素（比如都有树、都有绿色或都是男孩子等）、是同一个类别（比如都是动物、都是花朵、都是海洋）。

3. 在幼儿能力进一步提升以后，妈妈还可以把游戏变为更为复杂的类比推理。比如：老爷爷配老奶奶，那女孩子应该配哪张图？培养孩子按条件进行推理的能力。

●布图书

目标：培养孩子阅读兴趣、表征能力和动手能力。

材料：各种废旧花布、剪刀、胶水或针线。

玩法：

（1）成人收集一些有图案的布料，和幼儿一起看上面的图案主题，并说出来。

（2）和幼儿讨论，选择一个布图书的主题。

（3）选择与主题相适的图案，按相同的规格剪下来。

（4）把剪好的图案缝在一起，和幼儿一起看自己做的布图书。

温馨提示

1. 可能很多成人不能理解为什么要自己做一个布图书，去书店直接买一本会更方便。实际上，自己做的过程，不在于那本书，更重要的是幼儿在选定主题和图案时会产生想法，这个过程会让幼儿觉得自己的想法有价值，从而发展出必要的自主和自发能力。同样，除图书以外，很多自己设计和制作的东西，都有助于帮助幼儿发展自主性。家长要明白，自制的目的并不是为了“多一本书”，而是产生想法、想法得到肯定、想法得以实现的过程。

2. 图书可以用收集的画报、广告纸、杂志彩页等来做，可以用布做底，把剪下来的图案贴在布上，也可以用统一的白纸甚至拆开的纸箱板做底板。成人可以因地制宜，利用自己容易取得的资源来做这个游戏。

●词语接龙

目标：锻炼口语表达能力，丰富词语。

玩法：

（1）爸爸妈妈和幼儿三人一起，妈妈先说一个词，如一个动物，爸爸和幼儿也应该接一个动物。

（2）换爸爸先开始，幼儿和妈妈依次轮流说。

（3）第三次由幼儿先开始说一个词，妈妈和爸爸续说。

（4）变换规则，继续游戏。

温馨提示

1. 词语的丰富并不仅仅是通过游戏来达成的，更多地依靠来自生活中的积累。成人在日常生活中要常常提示幼儿更细致地注意词语。本游戏可以通过接龙来锻炼幼儿使用词语的能力，提高对其语词的反应能力。

2. 当幼儿的能力逐步发展、能力越来越强的时候，可以修改游戏的规则，把接龙变成接续反义词、相关词。比如皮球圆，让宝宝续上桌子方、大象大、老鼠小等。当幼儿能力足够强时，甚至还可以试着尾字组词，即接续的时候，以上一个词的尾字来开头说下一个词。

●玩豆子

目标：锻炼注意力、小肌肉控制能力。

材料：各种类型的豆子、瓶子、碗、勺子、筷子。

玩法：

（1） 把豆子放在碗里。妈妈示范把豆子一粒一粒从碗里拿出来，放到瓶子里。幼儿跟着做。重复游戏。

（2）利用工具把豆子从一个碗移到另一个碗里。开始可以用勺子，熟练以后可以用夹子、镊子、筷子等工具。

（3）改变游戏的玩法和规则，如幼儿和爸爸妈妈来比赛捡豆子，看谁捡得多。

（4）重复或改变玩法进行游戏。

温馨提示

1. 先从体积大的豆子开始，比如芸豆、蚕豆，逐步变成体积小的豆子，如绿豆，甚至混合几种豆子来玩。

2. 为了保持幼儿的耐心和注意力，成人可以不断改变游戏的玩法，比如：从碗里到瓶子、从杯子到碗里、桌上一堆豆子看谁捡得多、比比谁的豆子大、说说豆子的颜色和样子，等等。

3. 该游戏必须有成人陪伴，成人要切实关注幼儿的操作，以防幼儿使用工具不当或把豆子塞进嘴里、鼻子里发生危险。游戏结束以后，成人要和幼儿一起收拾，确定所有的豆子都已经放到妥当的地方。

●猜猜是什么

目标：练习用听力来观察事物。

材料：糖果、积木、棉花、绿豆、玻璃球、金属纽扣等，空茶叶罐子（或木盒、糖罐均可）。

玩法：

（1）妈妈把各种材料依次放入空罐子，摇动罐子，让幼儿听听里面的声音。

（2）让幼儿猜猜里面是什么，猜完后，妈妈把罐子里的东西拿出来进行验证。

（3）让幼儿说想听听哪两种东西混放的声音，然后按他们的要求混杂两种声音，让幼儿听一听。

（4）妈妈背着幼儿把两种东西混放，让他们听声音判断里面是什么。

（5）重复游戏。

温馨提示

1. 声音判断需要更细致的观察和注意，这个游戏可以帮助幼儿进行有意注意。成人平时也可以利用生活中的机会，让幼儿听音乐，区分音乐中的变化。

2. 游戏可以根据幼儿能力的发展，逐步加大难度。比如：都用一类的材料（如都是豆子），让幼儿区分细致的差别。

0～3岁
婴幼儿养育的相关话题

一 每一个孩子都是独特的种子

案例

小枣1岁的时候，还不能稳稳地走路。妈妈带他到小区花园里玩时，发现比他晚出生的小弟弟已经可以独自走了。小弟弟的妈妈非常骄傲地说："看我们孩子能力多强，不到1岁就能走了！"

外婆有点担心："我们小枣是不是发育有什么问题啊？"

妈妈笑着说："没问题！我们小枣在寻找最适合他自己的时机走路。"

分析

很多家长特别害怕自己的孩子输在起跑线上，这本身就是一种非常不健康的“竞争”观念，不比，也就无所谓输赢。每一个孩子都是独立的个体，他们的发展水平、发展速度、学习方式、风格特质等，有着非常大的差异。每一个孩子都是一颗独特的种子，需要长成他自己的样子。他们需要不同的阳光、水分和生长环境。家长要做的，不是担心孩子比不上别人，而是悉心观察，给孩子一条他自己最舒服、自然的路，让他长成与众不同的大树。

心理学表明，每个人的智力优势不同，他们的优势学习方式也不一样，有些孩子适合语言性的、交往性的学习方式，有些孩子则对材料可以保持极长的专注力，家长最重要的是了解孩子喜欢、善于做什么，而不是关注孩子做到了什么。关心孩子怎么做到的，比关心孩子是否能做到更重要。从学习结果来判断孩子是否聪明，是不可靠的，就像我们所知道的那样，有些孩子在1岁时就能较好地走路，而有些孩子要到1岁半以后，这完全不能作为判断孩子聪明与否的依据。家长细心地观察和理解自己孩子的学习过程，比直接教会他们结果重要得多。

本书的前三章，介绍了很多教育的建议，本章的一个重要目的，是告诉家长，那些建议不应该成为教条。建议是基于该年龄的一般特点，但我们深知，每个孩子都不可能循着相同的特点去发展和教育，所以，成人应灵活地运用和调整那些教育建议，这是非常必要的。

案例

小枣刚出生的时候，医院有一个收费项目，就是将新生儿放到水里去游泳。据说这种刺激模拟了婴儿在羊水中的状态，能对新生儿起到抚慰的作用，并能让他们利用在羊水中还没有忘记的技能游动四肢，达到锻炼的目的。

小枣在医院的时候，天天都被送去游泳。妈妈不是专家，当然认为医院的安排是专业的。

但是回到家后，妈妈发现，每次小枣洗澡的时候，都会表现出一种恐惧感，放进水里的时候，不管爸爸妈妈如何抚慰，他都会紧张异常，大声啼哭。

分析

在早期教育领域，一般的看法是越早刺激，孩子的发展就

越好。这种说法认为，3岁前的刺激决定了脑神经突触的数量，而突触的数量决定孩子是否聪明，如果错过这个时期，缺憾是一生的、不可弥补的。这个观点促成了全世界范围对婴幼儿早期教育的空前重视。但同时也可能形成了一些误解，让年轻的父母以为，缺乏“足够的”刺激，孩子的大脑发育就一定会出现无法弥补的终生缺陷。这种观点显然过于武断。婴儿出生以后，随时随地在接受各种刺激，并不是成人有计划、精心设计的特殊刺激才能促进其大脑发育。在正常的生活环境中，孩子具有巨大的发展潜力和发展能力，家长们无须担心孩子没有做过某种特定的训练。这种特定的训练可能达到的效果，生活中的另一种活动也能达到。相反，家长应该细心地观察，哪些活动更适合自己的孩子，而不是过分强调“别人的孩子做了，我的孩子也一定要做！”

这样的结论可能是出于对脑科学研究的过度解读，甚至有些研究结果被用于某些特殊目的的解读。国外有一项实验（Mary Carlson，1984）是将恒河猴的右手从出生时就用手套固定，一直维持着没有受到任何刺激的状态。4个月后，当这只猴子的右手被释放时，它的确出现了短暂的受损现象，但很快它就像正常的猴子一样灵巧了。有研究者认为，突触的快速发展是受基因控制的，而非受环境因素所影响。①这说明脑的发展比我们人类所知道的状态复杂得多，父母没有必要因为担心孩子缺失了哪些刺激而导致终生的遗憾，这些假设都是缺乏可靠的数据支持的。而且，脑科学的研究往往是基于动物的观察和实验，这些实验严格控制的条件，与婴幼儿成长的环境的复杂性没有可比性。特定条件下的研究结论，不能简单地引申到婴幼儿的发展与教育当中去。

父母应该更相信自己和孩子形成的独特的关系以及发展模式，科学地游泳对孩子的发展是有益的，不可否认，对部分孩子而言，这个活动有可能是刺激过度的。

案例

小枣的妈妈看了许多关于0～3岁婴幼儿教养的图书，甚至学习了很多国外的育儿方法。

有一天，妈妈参加了一个社区的早期教育讲座，听到、看到了许多关于大脑研究的信息。这些信息让她非常焦虑，讲座结束之后，妈妈向讲座嘉宾请教她心里的疑惑。因为这些研究让她觉得，最初的几年是孩子人生中的关键期，她很担心自己会遗漏掉什么重要的事情。这种焦虑让她做什么都想问问专家，没有专家认可，她就觉得不放心。

① [美] 约翰·布鲁尔. 3岁，真的定终身吗？［M］. 南京：南京师范大学出版社，2008：122.

嘉宾告诉她：对于3岁以前的教育，并没有什么成熟的、明确的课程可以借鉴，母亲要做的最好的事情，就是采取积极响应的照顾方式。

分析

关于关键期的第一个误解，是关键期就像一扇门，有固定的开启时间，时间一到，就会关上，永远不再打开。第二个误解，是关键期就像一个机会之窗，一旦错过，孩子的人生就会有了许多永远无法克服的障碍。

这些关于关键期绝对不可错过的说法，让很多家长坚信，在3岁之前，如果孩子的某个神经联结没有得到刺激，就错失了他们本来可以达到的成就高度，永远也无法启及了。

但也有人提出，这些说法是有反例的。1985年有一个研究发现（Jerome Kagan，1985），在拉美国家某些村庄中有一种风俗。父母把刚出生的婴儿安置在一个黑暗的茅屋里，以避开"邪恶的眼睛"。这些孩子不仅营养不良，而且很少有人跟他们玩或者是跟他们说话，但研究者发现，到了青少年时期，这些孩子的智力以及社交能力却不输给正常环境下成长的青少年。

事实上，关键期只针对特定的学习及发展，多数的学习并不会受到关键期的限制，也

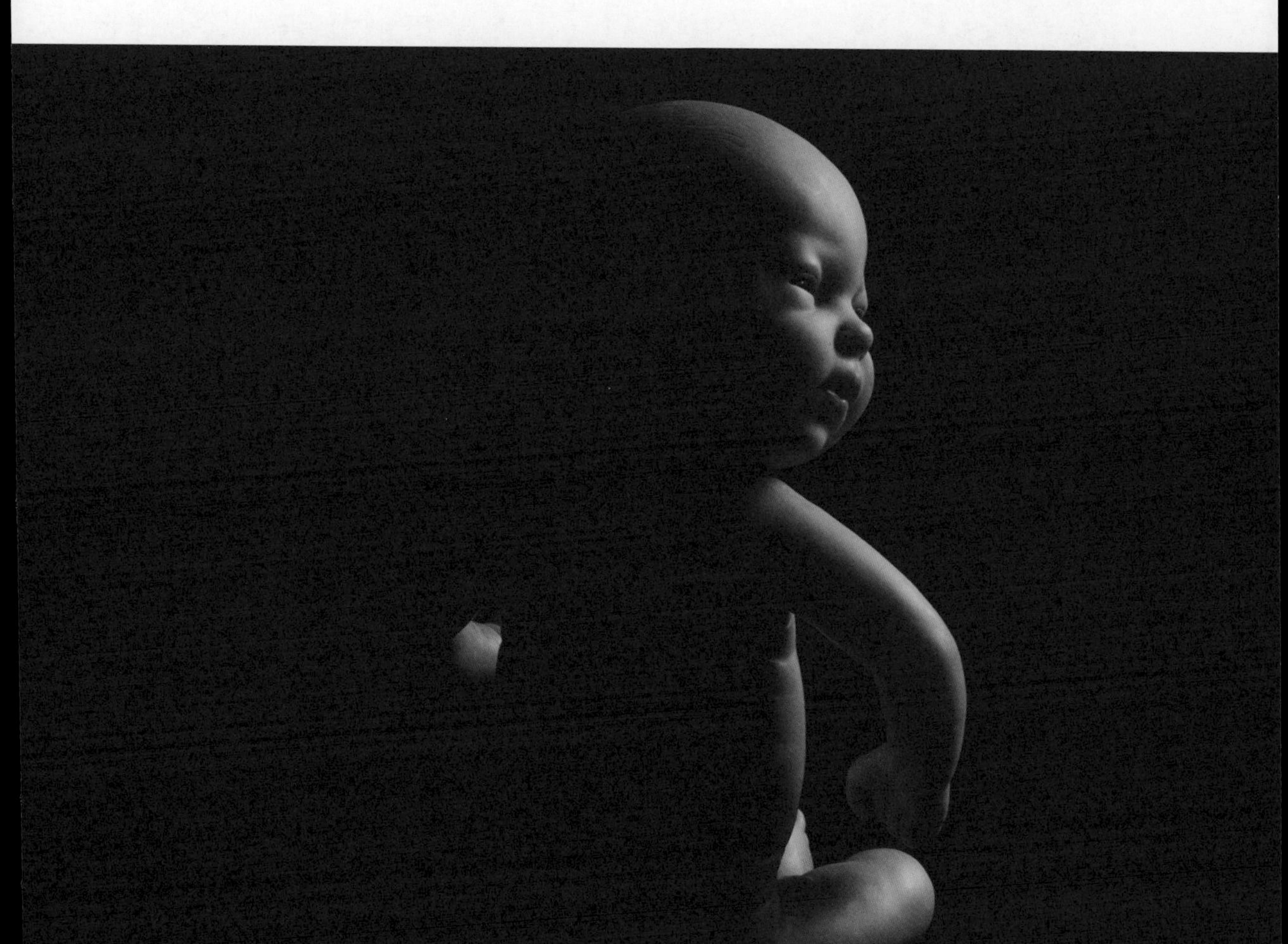

不会因为关键期错过，就不再有机会。此外，神经科学家也不认为，关键期的经验或刺激的“量”，是影响大脑发展的主要变量。关键期确实存在，但它非常复杂，一般关于关键期的解读，都过于简单化。比如：有研究认为，语言学习的关键期就不是一个简单的阶段，对于语音的区分的关键期、口语的关键期、语法学习的关键期、阅读的关键期等，都处在不同的时期。简单地认为某个语言关键期错过，以后就终身无法弥补，是不科学的。事实上，许多语言的技巧都可以在后天训练，并且同样也可以达到很高的水平。

人类的一生都可以有效学习和适应环境，说明我们的大脑有很强的弥补机制。在关键期内，家长考虑用什么刺激、怎样刺激，比刺激的量更为重要。有学者建议，我们可以把关键期看成一个蓄水池。蓄水池是慢慢装满的，也是可以反复装满的。在关键期的把握中，家长不但要把握“什么时候”的问题，更重要的是把握住“如何教育”的问题。从这个意义上讲，观察和了解自己的孩子，比知道关键期到来了，也许更为重要。

案例

小枣的奶奶没读过书，不会说普通话，说的是老家方言。她在跟小枣交流的时候，基本都是用老家方言。而小枣的爸爸妈妈则对小枣说普通话。小枣的妈妈担心小枣的语言能力会受影响，但又不知道该怎么办。

分析

其实，语言习得方面的专家对某些观点都有着一致的看法。他们都一致认为，如果两种语言都说得很好，那么从一开始就应当自然地对孩子使用这两种语言。此外，他们还建议一个家长始终说一种语言，另一个家长始终说另外一种语言。如奶奶是说客家话的，就由奶奶对小枣说客家话，爸爸不要突然也对小枣说客家话。奶奶也不要突然冒一些普通话出来。

研究表明：在头2～3年中，双语家庭孩子的语言能力会比单语家庭的孩子发展得缓慢一些，但是到了4岁或5岁时，他们不仅能赶上其他孩子，而且还能掌握两种语言。

案例

7个月大的小枣，很喜欢无缘无故地啼哭，每次一啼哭，妈妈都会过来回应小枣，有时陪他继续玩，有时抱起安慰他。妈妈也头疼，怎么那么喜欢哭呢？如不回应，小枣就会闹。但爸爸觉得，如果每次都回应，会不会太宠他了？妈妈则觉得：不及时回应，小枣会没有安全感的，而且还会继续啼哭！

分析

为了获得父母或保育者的关注而出现的故意性啼哭，最先出现在婴儿5个半月至6个月的时候。这种啼哭一旦出现就具有持续性和需求性的特点。成人在这个阶段就应该开始试着引导。

在出生后的4～5个月里，婴儿之所以啼哭是生理原因。这时候给予回应，而且要迅速地回应，那么在早期阶段，婴儿并不

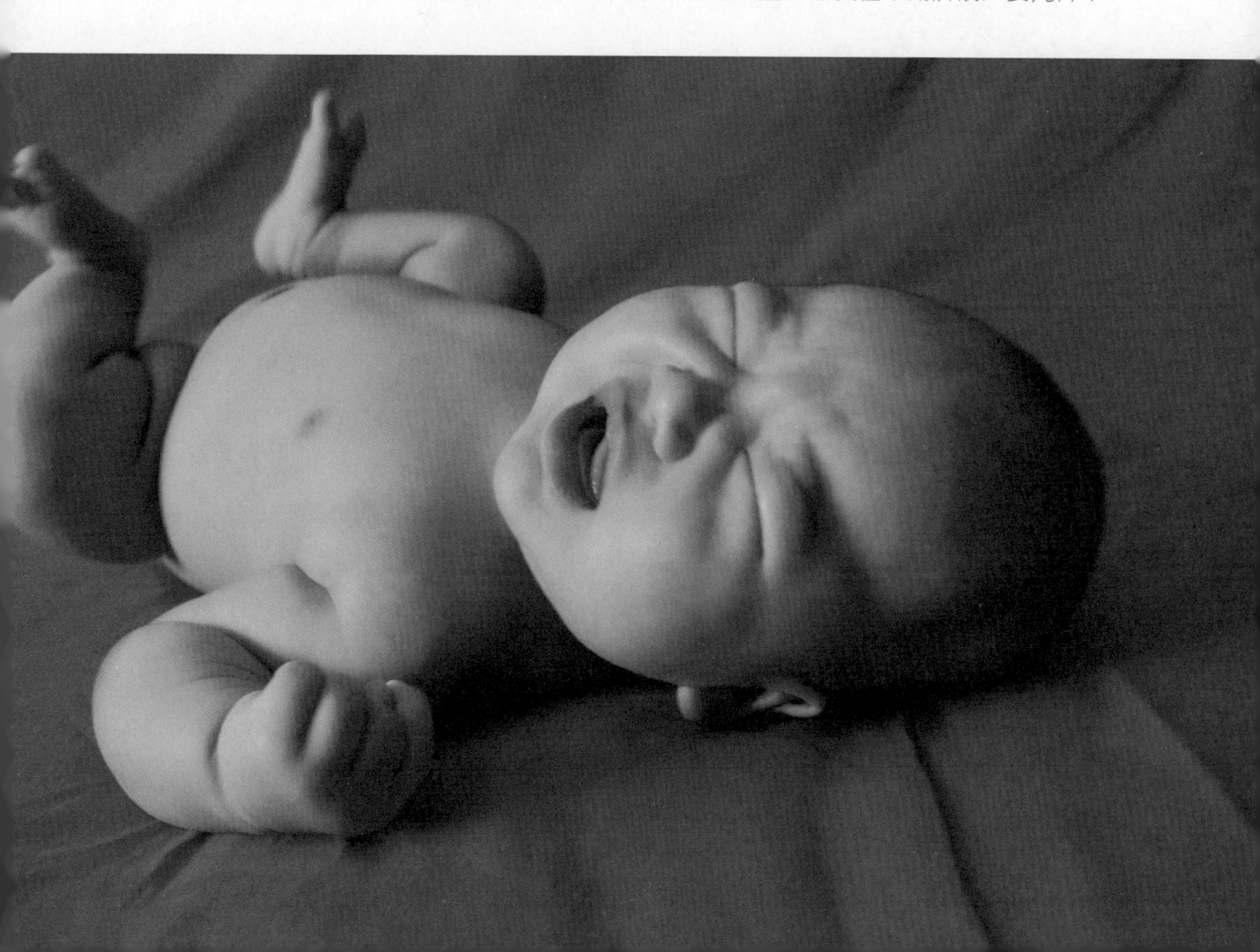

会被宠坏。相反，他会觉得有安全感，所以成人应当努力去缓解他们的不适。但到了第6个月末期，婴儿有时会因不适而啼哭，也有些时候会因寻求他人的陪伴而啼哭。此时婴儿开始将啼哭作为获得关注和陪伴的一种手段。而在第7个月末期，他们的啼哭开始呈现出过分需求的情况。在1岁左右，大部分婴幼儿会通过日常经验明白，故意啼哭能使他们有效地控制成人并得到自己想要的东西。

我们的建议是：始终关注婴幼儿，让他们始终有小玩具可玩，有有趣的东西可看，并且和父母一起玩耍。重点是在3个半月到5个半月，并且直到开始爬行，要尽量主动和他们一起玩，而不要等到他们开始哭闹以求得你的陪伴。父母每主动跟他们交流一次，就会减少他们有意寻求陪伴的啼哭。

在5个半月至8个月期间，家长要为婴儿提供可供他们观看的有趣场景，白天的时候要经常带他们到不同的地方走走。要经常带他们外出，经常和他们一起玩儿，不要等着他们叫你。在他们周围放一些安全的、可以啃咬的物品，但是一定要用防吞咽管进行检查无安全隐患。让他们有大量的时间在地板上玩，以便练习翻身、伸手够东西以及自己坐起来。如果你能在他们清醒的大部分时间里满足他们的兴趣，他们就会忙于这些具有挑战性的、有趣的和令人愉快的活动中，从而保持良好的情绪，不会出现过度的需求性啼哭。从需求性啼哭刚刚出现的时候开始，直到他们能够在房间里自由地爬来爬去，你都应当经常主动和他们一起玩。

六 怎样给宝宝讲故事

案例

妈妈很想让小枣从小就养成爱阅读的习惯，于是在小枣8个月大的时候，就坚持给小枣讲故事。但妈妈发现，每次她拿着书，读里面的故事给小枣听的时候，小枣很快就要自己把书合上。妈妈很受打击，她有些迷茫。

分析

孩子的学习非常讲究生活经验。年龄越小的孩子，越要重视经验的重要性。其实，让孩子喜欢阅读，图书的选择和讲述的方式非常重要。

在婴幼儿阶段，家长首先要知道和了解孩子的兴趣、孩子已有的生活经验等，这将有助于家长对图书的选择。比如：有些孩子是对风扇转动感兴趣，有些孩子是对小车等感兴趣。所以图书内容的选择，就可以尽量注重这方面的。

还有讲述的技巧也非常重要。年龄越小的婴儿，他们的专注

力越弱，怎样在最短的时间让婴儿感受阅读的乐趣呢？这是需要一定的讲述技巧的。

选好书的内容后，第一，不要照读故事书。

第二，循序渐进。婴儿阶段，只需指认物品，家长可以指着物品说出它们的名字，如果有实物在场，那就要一边指着图片的物品说出名字，一边指着实物重复一次。随着孩子经验的丰富，家长可以说出实物的名字，让孩子指出图片的物品，也可以指着图片的物品，进行词语、句子的拓展。最好结合婴儿的生活经验，比如：指着图片的苹果，父母可以跟他说：“红红的苹果。宝宝早上吃了一个红红的苹果。超市有红红的苹果。”

第三，做生活中的有心人。每次带孩子外出，一到新景点或有新发现时，家长都要跟孩子讲，如坐公交车，家长就要利用坐公交车这一契机，在孩子面前多次强调：“爸爸妈妈和宝宝坐公交车。（指着司机）那是司机叔叔，司机叔叔在开车……”这些经验的积累，就有助于下次看书时，引起宝宝的兴趣，从而延长宝宝的阅读时间。

第四，阅读绘本。在孩子1岁开始，可以慢慢给他们阅读绘本。绘本图案和内容一样重要，图案最好是宝宝见过的，如果有感兴趣的图案最好。当然，不可能每本书的所有图案都是宝宝见过的，只要有几页就够了。家长可以重点围绕那几页进行创编，而且每次讲的时候，手指要指着图案。创编时，尽量和宝宝的兴趣和经验拉拢。比如：宝宝喜欢转动的东西，阅读的绘本是有关车的，那家长可以重点对车轮进行介绍：“这是车轮，车轮转转转，车就会走了！”

第五，连讲带演的技巧。家长在讲述时，不要只用一个调讲，要多变换语调，根据不同的角色，变不同的音色。而且在适当的时候要配有夸张表情、动作，这样的“故事”听起来才生动，才能更好地吸引孩子。

第六，不要强迫阅读。当孩子不喜欢阅读了，他要合上书，转移到其他事情去时，不要强迫孩子继续听你讲故事。

第七，阅读要坚持。让宝宝也养成习惯，开始可以先固定个时间，最好是睡觉前。如果有可能，最好父母都在一起阅读，这样营造出的氛围对孩子的身心发展有重要的帮助。

案例

妈妈知道爸爸忙，但眼看小枣已经14个月了，开始会黏爸爸了，妈妈也经常叫爸爸多抽出时间陪陪小枣。不过有时爸爸陪小枣时，人在那，心似乎还不能静下来，陪一下小枣，就要看一下手机。爸爸也知道这样不好，但他还真不知道怎样陪小枣。

分析

（1）树立正确观念。

陪伴是送给孩子最好的礼物。通常，在一天当中，1岁左右的宝宝每个小时会向你做出10多次表示。如果你没有陪伴孩子，你就会错失这10多次的可以给予孩子安全感、归属感和增强亲子关系的机会。他们可能玩着玩着抬头跟你分享他们的玩具，或者用手指指向一个地方，对你“哦哦”示意，这时宝宝是想得到你的关注和认可。家长要想办法确定宝宝在想些什么，他们的需求是什么，并给予回应。

（2）正确回应需求。

不是每次孩子的需求，你都要立即回应。在适当的时候，如果你的需求比宝宝的更加迫切，你可以告诉他必须要等一会儿，而不是立即放下手中的工作。这对于孩子的社会能力发展是十分重要的。你的宝宝就会了解到，在大部分时候他可以立即得到自己想要的东西，但有时其他人的需要比他的更重要。

（3）满足宝宝的需求。

你可以亲吻一下他受伤的手指，对他在玩的玩具倾注一些热情。在回应时，用日常的语言进行回应，要使用完整的短语或句子，而不是单个词语，并且要表达一两个相关的想法。不管这个想法是什么，只要它与目前宝宝所关注的事物有关就行。一旦你的宝宝对这种回应表示满意，并且表现出了继续进行下一件事的兴趣，你就随他去好了。比如孩子正在玩小车，他拿起小车跟你分享。你可以这样回应：宝宝在玩红色的小车哦！你看，这车轮可以转动的，一转动，车就可以走咯！

（4）树立正面陪伴形象。

不要在陪伴孩子时又情不自禁地看手机。这不是真正的陪伴，反而会给孩子树立一个不好的父母形象。你可以和伴侣商量好，谁带孩子时，就不带手机。如果要看手机时，就让伴侣带一下，自己在另外一个地方看。当然，最好能规定一段时间是属于亲子时间，没有手机，只有纯陪伴，你可以和伴侣约定好，谁违反规定，要接受相应的惩罚。

案例

现在小枣大了，很多妈妈的同事来小枣家做客就会问小枣妈妈：“什么时候给小枣生个妹妹或者弟弟啊？”妈妈满脸幸福，但很快又回了句：“一个都搞不定了，两个更不知道怎么带呢！”

分析

现在国家放开二胎政策，很多爸爸妈妈在条件允许的情况下都想着生二胎，但二胎后，孩子之间的“竞争”怎么处理呢？

第一，保护较小的孩子。家长要了解较大孩子的想法，这一点至关重要。要弄清他行为背后的原因。有很多较小的宝宝受到哥哥姐姐的严重伤害，家长不要低估这种危险。同时，让较大的孩子对自己的攻击性行为感到内疚是毫无意义的，毕竟，年龄差距不到3岁的哥哥或姐姐，排斥弟弟妹妹是非常常见的现象。但是父母必须让他们明白，任何形式的攻击性行为都是不可接受和不被允许的。

第二，让大的孩子生活得更快乐。大孩子越快乐，新宝宝和父母的生活就会越轻松。多为较大的孩子安排户外活动。如果较大的孩子超过了2岁半，给他们安排固定的玩伴是个很好的主意。还有就是父母双方每天要花半个小时与较大的孩子独处。

第三，不要对较大的孩子提过多的要求。大一些的孩子的确比小宝宝要成熟得多，但是父母不能指望他们的行为总是得当而有节制。不应要求他们像个大孩子或是像个大哥哥大姐姐一样。不应过高估计较大孩子的能力。同时要避免在较大的孩子面前过度称赞小宝宝。

第四，摆正心态。教育两个年龄相差不大的孩子是一件非常辛苦的事情。没有一个家庭不存在这样那样的问题，所以父母要摆正心态，给予他们更多的爱，科学育儿。随着时间的推移，情况会逐渐变得轻松一些，较为年长的孩子3岁后很可能会表现出顺从，会和年幼的弟弟妹妹玩得很好的。

案例

小枣7个月大的时候就很喜欢扔东西。每次在小餐桌上用餐时，都喜欢把勺子往地上扔。现在小枣1岁半了，这习惯还是存在，有时扔完东西，还会“哦哦”叫，示意家人帮忙捡起。家人捡起给他后，小枣还是继续往地上扔。家人也跟他讲过，不要扔东西，也批评过，但效果甚微。

分析

（1）正确认识宝宝扔东西的行为。

其实，这是一种对该阶段孩子来讲非常正常的一种行为。通常情况下，孩子扔东西的行为会在正常的成长过程中逐渐消失的。有些行为，是孩子在这个年龄段独有的特征，家长不用过度解读和在意，而应以平常心对待。

一般宝宝在7个月大的时候就会把勺子或其他小东西从婴儿椅上扔下去，然后观察它掉到哪里。其实宝宝是对自己动作所产生的结果有异常强烈而持久的兴趣，这导致了宝宝对手、眼动作结果的关注。同时，宝宝也是通过这种行为了解物体的性质和物理特性的。毕竟，在宝宝仰面躺着或是趴着的时候，没有办法把东西丢或者扔到较远的地方去，也没有办法追视物体的运动轨迹。

宝宝对自己这种需求得到满足也很感兴趣。扔了东西，然后“哦哦”几声后，就有人帮忙捡起来。宝宝对这种行为的对错是没有认识的，所以成人跟他们讲道理和对他们批评教育，都是不管用的。

（2）科学引导。

家长可以在每次孩子扔东西后，表明自己的态度，即使宝宝听不懂道理，但宝宝会看表情。平时和孩子玩“谢谢你”的游戏：父母把东西给孩子，然后叫孩子把东西给你，然后父母对孩子说：“谢谢你！”有时间就和孩子玩这个游戏，能有效减少孩子扔东西的频率。如果孩子首次扔完东西后，示意成人捡起，成人可以满足其要求；第二次扔的时候，成人就不要帮其捡起，应将孩子抱起，离开现场，转移注意力。

案例

爸爸妈妈都要上班了，不得不拜托爷爷奶奶帮忙带小枣。小枣逐渐长大，爸爸妈妈既心疼老人，偶尔也担心他们不了解前沿的教育理论，不会和小枣玩，担心小枣在家无聊，愧疚感倍增。

分析

现在很多父母是双职工，都是拜托孩子的祖父母照看孩子。老人在照看孩子时，肯定会按照他们传统的教育观念带孩子。怎样调动老人的积极性，让孩子在老人带时也能放心，让隔代互动更丰富愉快呢？

（1）相册。

首先，父母先利用闲暇时间把照片整理出来，放在一本相册里。把这本相册放在老人和孩子随手可以拿到的地方。相册的种类可以丰富，如宝宝的成长相册、妈妈的成长相册、老人的回忆相册等。也可以给老人一部数码相机，让他们有机会拍下每天孩子的成长、表达和有意思的事情，一方面下班后与你分享，另一方面便于后续做成新的相册，帮助孩子建立积极的自我认知和稳固亲子关系。当孩子2岁以后，可以给他们的游戏区也添加一台儿童防摔相机，这样孩子如果感兴趣，则可每天和老人一起记录

生活，同家人相互分享自己的见闻。长此以往，孩子的观察能力、语言表达能力和专注力都会得到提高！

（2）音响。

购置音响，和老人商量着下载好音乐，并教老人如何使用。尽量不要使用手机，以免影响孩子视力。创造这些环境，是为了让孩子和老人的生活都更加愉快，切忌眼中只有孩子，把老人当成孩子的“保姆”，给他们布置任务却不考虑他们的感受。选择音乐的时候，尊重老人的喜好很重要，如喜欢快歌还是慢歌。建议帮助老人下载几首他们特别喜欢的老歌，不仅能提升他们的愉悦指数，缓解带娃的精神压力，还能让孩子感受不同年代的歌曲，一举两得。如果想给孩子放英文歌，也可以和老人提前沟通。

温馨提示

播放音乐时请注意音量不宜超过70分贝。

（3）游戏区。

上幼儿园之前，或者一直到上学之前，很多家庭的孩子都缺少一个属于自己的游戏空间。没有固定的区域游戏，孩子就会在家里到处走走、看看、摸摸。很多爷爷奶奶追在孩子后面告诉他们这个不能碰，那个也动不得，就是这个原因。如果在家里开辟一个游戏区，大人就省心多了！睡前饭后一起去读本书，午睡后一起搭积木、玩球，都可以。上面提到的相册，也可以放在这个区域，让孩子能够选择和进行建设性游戏。

儿童游戏区通常建议要满足下面这几个特点：

（1）采光好。

（2）有一定收纳空间。

（3）看上去很舒适（有靠垫、枕头）。

（4）能看出明确的区域界线。

（5）尊重孩子的视觉秩序感。

（6）做好安全检查（插座孔要堵上、抽屉加安全锁、无药物和洗涤剂等）也可以向老人取取经，了解孩子最近感兴趣的玩具和游戏，以此来添加玩具或书本。

做教育，重在支持孩子的长处，其次是补短。对于家里的其他人也是。与其盯着隔代人的种种问题，不如包容那些美中不足，发现他们的长处，并想办法让他们发挥所长，支持老人和孩子充实、快乐地度过每一天。

十一　“吃手”

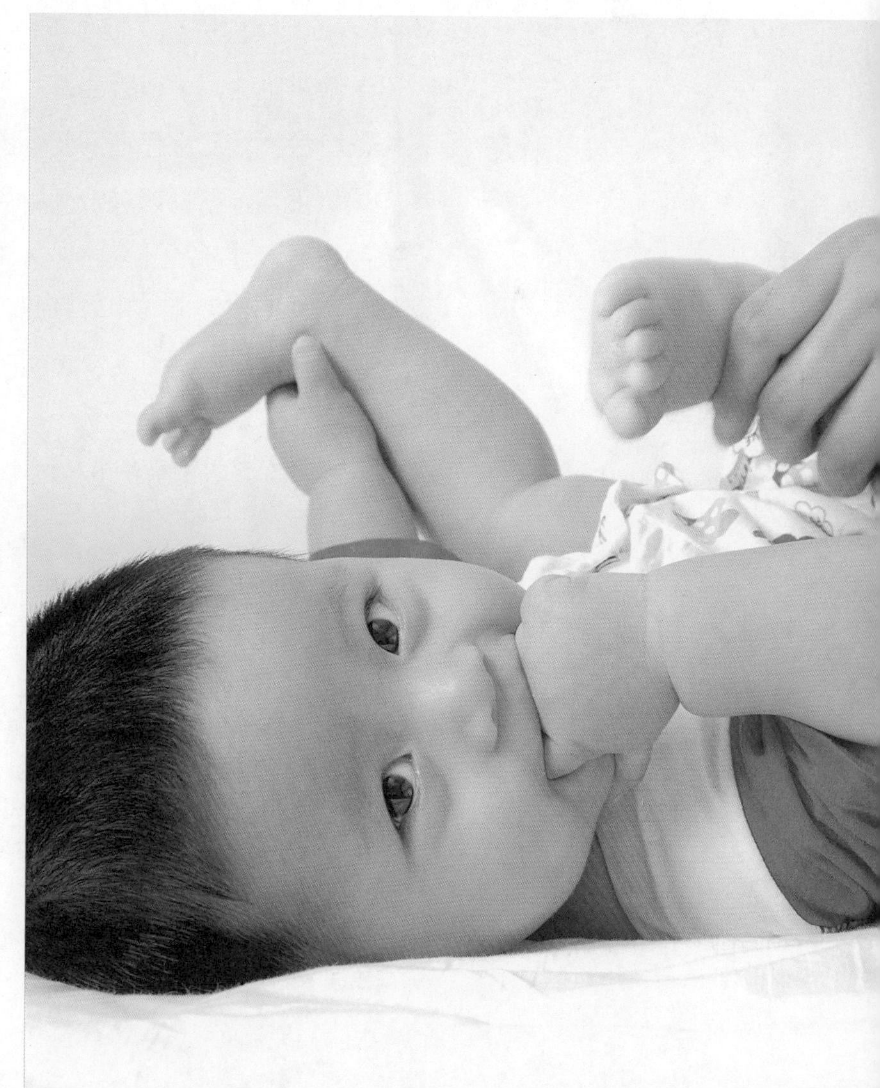

案例

小枣4个月左右时很喜欢把手放到嘴巴里面“吃”，有时还喜欢把玩具塞到嘴巴里面。现在1岁多了还是时不时喜欢“吃手”，妈妈跟奶奶批评过小枣很多次，但小枣依然没改掉“吃手”的习惯。

分析

第一，正确认识孩子“吃手”现象。心理学家弗洛伊德曾提出，0～12个月是孩子的口腔期。孩子“吃手”“吃玩具”，其实是他们探索周围世界的一种方式。孩子长牙时，也喜欢“吃手”和“吃玩具”。如果该时期的口腔活动受限制，可能会留下后遗性的不良影响。所以家长不必过于紧张孩子的“吃手”现象。

第二，科学回应。孩子很多“吃手”是无意识的，如果家长用语言指出，可能孩子反而意识到并且记住自己有这个习惯，使其更不容易消退。所以当孩子处于口腔期，家长需要做好玩具和物品的清洁和消毒。如果孩子着实喜欢“吃手”，家长一定要勤给孩子洗手。

第三，多陪伴孩子，多带孩子户外活动，通过外界的新鲜事物来转移他们的注意力。

案例

小枣快2岁了，他似乎一刻也不能停歇，爬上爬下，跑来跑去，大喊大叫，一会儿扒椅子爬到餐台拿饼干，一会儿跑到阳台把刚刚开的茉莉花摘个精光。每次妈妈纠正他，他都好像没有听到一样，依旧我行我素，被制止时，他甚至还会大叫大闹以示抗议。爸爸妈妈觉得当务之急是要让小枣守规矩，爷爷奶奶则觉得小枣还小，不懂事很正常，大了懂事了就自然好了。

分析

2岁左右，随着孩子活动能力的增强，活动范围扩大，许多爸爸妈妈都会觉得孩子好动，不听指挥。好动爱玩是孩子的天性，1～2岁正是幼儿规则意识逐步形成的时期，小枣出现的不听劝阻、我行我素的行为，主要的原因是家中未建立起明确有效的规则。对此，我们的建议是。

（1）在生活中，有意识地帮助孩子建立“规则”。

例如：在孩子不满周岁还在床上乱爬打滚时，爸爸妈妈就可以用手势等肢体语言告诉他们：床边上是危险区，摔下去是很疼的，进而要求孩子不准逾越危险区域。如果他们偶尔违反了“规则”，家长一定要温柔地提醒，并把他们拖回“安全区”；如果孩子多次违反“规则”，家长可升格为温和的批评，如你怎么又犯错误了呢？

（2）舍弃教条与说教。

要求思维不成熟的孩子接受各种教条抽象的“规则”，难度很大。但是家长可以辅以图片、故事、演示、肢体语言等各种方式来加强孩子对“规则”的理解。如要引导孩子“不能贪吃”这一规则时，家长就可以为他们讲“贪吃小猪吃多了生病”的故事。

（3）从小事着手。

父母在制定家庭规则时，可以让孩子参与。如定时起床、睡觉，坚持早起锻炼、吃早餐和做力所能及的家务，用餐定量，见到老人要有礼貌等。成人应强调的是原则，包括按时起居、规律生活和自我控制等。

（4）随时随地，因地制宜。

宝宝的规则教育需要随时随地，无处不在。比如：带孩子过马路，孩子就会得到“红灯亮了绝对不能通过”的经验；甚至在孩子们玩游戏时，“遵守规则不准赖皮”也被提高到与人品相关的高度。

（5）循序渐进，尊重个性。

对不同年龄段的孩子，家长制定的规则也要遵循“由易到难”的原则。对大多数家庭而言，家长制定的规则往往是绝对权威的，根本不给孩子发表意见的机会。其实，家长在给孩子制定各种规则的时候，也要允许他们有不同的意见。此后在规则允许的范围内，孩子便可以根据自己的个性或意愿去做他们喜欢做的任何事。

案例

自从在邻居家看了《巧虎来啦》之后，小枣这两天总吵着要看电视。对于看电视这个问题，妈妈十分伤脑筋。一方面妈妈觉得可以拓展小枣的视野，促进其语言发展，特别是妈妈有事情忙的时候，看电视可以让小枣乖乖坐着，妈妈可以腾出时间做事；另一方面妈妈又怕小枣看电视影响视力。

分析

孩子从出生2个月左右开始，就对电视有反应，11个月的孩子已经能看懂、听懂电视中的某些情景对话，一旦让他们坐在电视机前，他们会非常安静地一直盯着电视看。但是，如果长期如此，孩子会对机械的声音产生反应，面对母亲的声音反而没有反应了。看电视确实对孩子会有不良影响，比如：

（1）不利于视力发育。孩子的眼睛还在发育中，视力还未完善，不断闪烁的电视光点会造成屈光异常、斜视、内斜视，近距离大电视屏幕造成的损害更大。

（2）电视画面的快速转换会引起注意力紊乱，使孩子难以集中精力专注于某一件事。

（3）看电视是一个被动地接受过程，会导致孩子形成一种

“缺乏活力”的大脑活动模式，单向的交流模式也不利于孩子的人际交往能力的发展。

同时我们也应该一分为二地看，看电视一方面能够促进孩子的语言发展，扩大他们的词汇量，另一方面，随着少儿节目制作的日益精美和互动环节的增多，适量的电视互动对孩子感知觉的发展和知识经验具有一定的促进作用。随着电视的普及，孩子接触电视似乎不可避免。对此，我们的建议是：

（1）严格选择合适的节目内容。

根据孩子的年龄特点选择节目，比如：1～3岁的孩子可以选择益智类或科普类的少儿节目，不要让孩子跟着父母看连续剧，切忌看武打凶杀的电视、电影。

（2）与孩子一起看，让早教电视节目成为亲子互动的媒介。

晚饭后到睡觉前是亲子互动的重要时间，如让孩子单独盯着电视看，就剥夺了亲子交往的机会，建议爸爸妈妈陪着孩子一起看，现在很多的少儿节目都有亲子互动的环节，爸爸妈妈可以与孩子一起跟着节目内容互动。

（3）把控好时间和观看环境。

孩子每天看电视时间最好控制在20分钟之内。看电视时，把孩子的座位安放在距离电视机2.5～4米的地方为宜。

采用相对较小的音量，因为如果孩子长时间在较高音量的刺激下，容易使听觉的感受性降低，形成不良的听觉习惯；室内光线不宜过暗，以免影响孩子视觉功能的发展。忌饭后立即看电视，也不宜边吃边看或者躺着看。

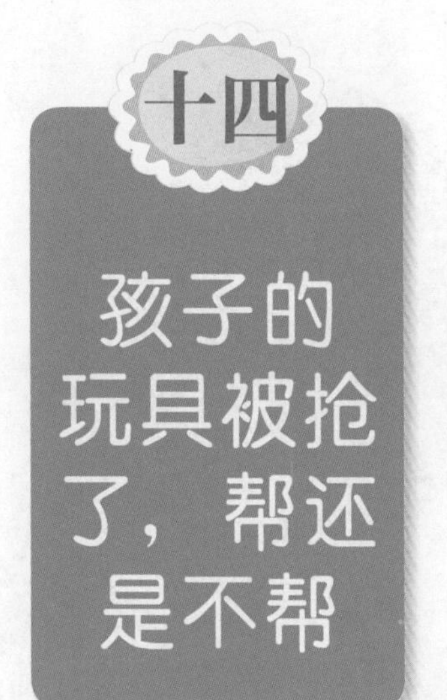

十四　孩子的玩具被抢了，帮还是不帮

案例

小枣在小区楼下玩车，乐乐跑过来，一下子就把小枣的玩具车抢走了，小枣有点不知所措，哇哇地哭得很伤心。小枣的奶奶坐不住了，想去帮小枣把玩具抢回来，还说再也不跟乐乐玩了。妈妈拉住了奶奶，她觉得可以让小枣尝试着自己去拿回来。

分析

同伴间的冲突似乎不可避免，孩子为玩具而争吵更是家常便饭。面对孩子的争吵和抢夺，家长的第一反应总是控制和制止。事实上，在安全的前提下，冲突是一种社会化的学习。面对孩子们游戏时的冲突，我们建议家长可以管理孩子的游戏环境，而不是刻意控制。

（1）游戏也有丛林法则。

尽量把孩子扔在一堆孩子中，鼓励他参与竞争。在有竞争与互动的过程中，有进攻性的孩子会意识到进攻要付出代价，而性格退缩的孩子则学到了太温和就会吃亏，从而学会应对别人的攻击。

（2）玩伴的组合。

把两个或者几个攻击型的宝宝放在一起，打架是免不了的，碰到这种情况，我们建议成人坐在孩子中间，让他们感受和平相处比打架更好玩。有时候成人不得不充当裁判，给每个孩子一个玩具，设定一个时间，等时间到了就宣布：“现在开始交换玩具。”

（3）通过玩具交换，学习分享。

如果孩子不肯让别人玩他的玩具，那么我们可以组织每个孩子带上自己的玩具。让你的孩子玩同伴的玩具时，他的同伴能拿他的玩具玩。孩子很快会学到，拿出一个玩具给别人，自己也能得到一个玩具。在1～2岁阶段，孩子以自我为中心，分享对他们来说并不是一件容易的事情，除非他们知道暂时放弃一个玩具，能够得到另一个新的玩具。

（4）不要硬抢。

在给玩具和拿玩具的时候，教孩子不要用硬抢的方式。这需要爸爸妈妈从小就要给孩子进行示范，示范如何把玩具递给妈妈、爸爸，而不是很快、用力地把玩具从孩子手中拿走。

很多孩子其实并不介意和他人分享玩具，他们只是不喜欢手中的玩具突然被夺走。

十五 游戏是孩子最好的营养

案例

小枣拿着自己的消防车在扮演消防员叔叔，他把消防车顺着墙面往上“开”，一边说：“上面有一个地方着火了，我要去救火!”

他嘴里一边模仿着消防车的警报声，一边迅速地把车“开”到他能举到的最高的位置。然后，他将消防

车掉头往下，一边说：“下面有一个地方着火了，我来了！”再一次用嘴巴拉响警报，“开”着消防车往着火的地方跑……

妈妈说：“小枣，你玩了好久了，现在应该来学习了！”妈妈拿出图书，拉着小枣坐下来认识书上的动物。

小枣嘟着嘴，眼睛却还盯着被妈妈扔到一边的消防车……

分析

许多家长把学习和游戏看成两件事情，在他们的印象中，学习有更明确的目标、更清晰的结果，而孩子没有目标、缺乏持久性的游戏，实在是没什么很大的意义。

事实上，游戏的特征是假装和想象。著名的认知心理学家皮亚杰认为，2～5岁，孩子的象征性游戏是这个年龄的心理需要。我们判断孩子是否真的是在游戏，可以从三个条件来判断：

首先，是否体现出内在的动机，就是说，孩子是不是有内在的主动性和玩游戏的欲望。

其次，有无愉快的体验，孩子应该在游戏的过程中体会到愉快投入的情绪。

最后，游戏最重要的特征，即孩子是不是有自主选择的机会。

从游戏的这三个特征来看，我们很容易看到，游戏为孩子人格中自主部分的建立提供了基础和途径，而自主则是这个阶段孩子自我形成的关键矛盾。

研究者认为，孩子的多数需要是用于减少不安和寻求回应的，这种需求是为了获得快感和欢乐，而伴随着亲密关系的游戏则是让孩子达到这些要求的重要途径。孩子对于他们接触的每一样东西，并不仅仅是认识这些东西的客观属性，同时也在思考：这是什么？它安全吗？我可以用它来做什么？……这些就是人类应用工具、探索与改变世界时思考的问题。

游戏中模仿和想象，是孩子认识世界、与他人形成关系的重要支柱。通过游戏，孩子理解喜欢和不喜欢、通过游戏理解他们的感受、模仿成人的行为以及成人之间的交流方式，这使得孩子相关能力也迅速发展。在游戏中，孩子呈现出更加积极的言语交流，更重要的是，孩子在游戏中理解了“我”“我与他人的不同”，形成自我意识，是其心理发展的重要源泉。

因此，成人切忌将自己认为有意思、有价值的学习强加于孩子，剥夺孩子的游戏机会，这样做的同时，也剥夺了他们自主选择、自主决定的学习和发展机会。

十六 材料怎么样才算丰富

案例

妈妈听说，在孩子的成长中，父母提供的丰富的环境是非常重要的前提，所以妈妈对于给小枣买玩具，一向是很大方的。

家里的玩具越来越多，不管是小枣的房间，还是客厅、书房，都放着小枣的东西。

可是，后来妈妈发现小枣有一个不好的习惯，就是每一样东西，玩的时间都不持久，拿起来玩一下，一会儿又换另一样。

妈妈很苦恼，请教专家才知道，原来“丰富”的环

境，不等于“很多材料”的环境。回到家以后，妈妈进行了一次大清理，小枣的房间突然整洁了很多……

分析

国外对孩子的学习进行过观察，发现如果给孩子提供10种玩具，让他们自由玩，那孩子对每件玩具持续的注意时间就很短。孩子会不断地转换目标，每件玩具都看看。但当玩具数量减少到2件时，孩子反而会持续探索起来。

孩子的注意力持续的时间本来就不长，如果长时间处于刺激数量非常多的状态下，孩子很容易形成注意力不集中的习惯。有的时候家长会发现，孩子很容易被那些体型巨大、颜色鲜艳的玩具所吸引，非要吵着买，买回来又不见得能持续地喜欢它们，说明玩具也不仅仅是靠外观来吸引孩子持久探索的。家长要善于发现哪些东西能持续吸引孩子并且有助于孩子展开深入探索的活动。

这就要求家长学会观察孩子，当孩子对某个对象产生兴趣时，如果持续的探索行为出现了，家长就要非常敏感地捕捉到，并且努力去解读，为什么孩子对这件东西发生了兴趣？支持他持续探索的东西是什么？孩子究竟想弄清楚什么？为什么孩子对不一样的东西，产生了不同的兴趣？

一般而言，玩法很固定的玩具，对于孩子的吸引力是不足的。如果只能按一下，等待它发出响声，那玩具提供给孩子的探索性就很低。看起来是丰富的，但实际上“玩”的空间却是很小的。如果常常玩这些不能改变玩法的东西，孩子就会趋向于简单、缺乏耐心。

开放性的玩法让玩具具备了很“丰富”的探索空间，比如胶泥、积木、磁铁等，这些很朴素的材料，可以得出非常多的可变化的结果。在这些过程多样化的材料中，孩子有空间做不同的决定、尝试不一样的可能性，对于培养聪明的宝贝，这才算是“丰富”的环境。

后记

历时大半年，在忙碌的工作之余，我们终于完成了下册的编写任务。本书的第一章由林冠军编写，第二章由林岚编写，第三章由张琼编写，第四章由三人合力编写。我们都是刚刚为人父母的教育工作者，我们的孩子正处于半岁到2岁半这个阶段。主编在搭建编写队伍时特别强调两点要求：理论与实践相结合。这两个要求对于编写此书的意义体现在三个方面：第一，作者是从事早期教育和教育出版工作的，具有较为扎实的婴幼儿发展理论基础，在一般规律的层面上对婴幼儿发展是非常了解的；第二，作者刚刚经历过养育婴幼儿的亲身体验，对于初为父母者的焦虑和惶惑有着深刻的体会，更能了解读到本书的人心里期望得到的是什么；第三，作者在理论上对婴幼儿的了解，实践了对自己孩子的教育，能更好地对行为做出反思，使得提出的建议有更大的参考意义。这大半年的辛勤工作也证实了这一点：我们从来没有体验过如此有效率的学习与思考——结合自己实践中的体会，对参考文献、前人研究进行深刻的理解和批判性的借鉴。

我们深知，对于0～3岁的婴幼儿，脑科学、心理学的研究还远远没有到达一个很高的水平。我们对于儿童发展的秘密，还没有做到百分之百地准确解读。所以，在编写此书的过程中，我们提供的建议可能还存在不足之处。基于这一点，我们特别希望年轻的父母了解：最好的教育是针对个体的教育，父母首先需要做好的是对自己孩子的观察，相信真正了解孩子的人是自己，并在这个前提下，去运用书本带给我们的原理和策略。

在编写的过程中，我们一次次就自己孩子的现状与表现进行讨论，一次次发现，书本上的理论无法解答我们在生活中遇到的所有问题，并且也一次次证明，我们只要掌握基本的婴幼儿发展的基本规律和一般原则，完全有可能举一反三，在实践中加以改造和运用。我们不希望读者把本书内容看成是一个固定不变的程序，而是希望尽可能让教育建议更能体现出该年龄段的规律性的原则，以方便年轻的父母边阅读，边进行反思和扩展。这才是我们想传达给年轻的父母最重要的信息。

在本书的编写中，我们得到了广东省妇联和广东省早期教育行业协会的大力支持，他们的敬业和坚持给了我们莫大的力量，在此郑重致谢！

最后感谢我的两位同伴：林岚老师和林冠军老师。他们一边坚持工作，一边照顾年幼的孩子，同时还要努力学习文献、构思与编写本书。这大半年来，我们经历了很多困难，但也收获良多。谢谢！

张　琼

2016年7月